これだけ！

生化学

第2版

稲垣賢二 監修

生化学若い研究者の会 著

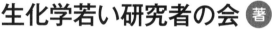

秀和システム

■ はじめに ■

　生化学は、私たちの身近にある生命現象を化学の視点から明らかにしようとする学問です。生化学を学ぶことで、生体を構成する部品に対する分子レベルでの理解が進み、生物を形づくる物質や体内で起きる反応をミクロな視点で捉えることができるようになります。このような考え方は、薬学や医学といった私たちの健康と深くかかわる分野に大きく貢献し、エネルギー問題の解決や優れた素材開発にも役立つなど、私たちの生活の豊かさにつながっています。

　本書は、生化学を理解するために、これだけは知っておきたいという基礎知識を抜粋した入門書「これだけ！生化学」(初版2014年発行)を単行本化したものです。本書の編集・執筆は、生化学に興味を持つ研究者コミュニティ「生化学若い研究者の会」に所属する大学院生・若手研究者(2014年当時)によって行われました。実際に生化学を学ぶものとして、これまでに生化学をほとんど学んだことのない方、あるいは生化学との接点がなかった方が、生化学の基礎をわかりやすく理解できるように、ポイントを絞った解説を心がけました。そのため、生物・農学系や医歯薬系の大学生だけでなく、少しでも生化学に触れてみたい社会人にも読みやすい内容となっており、要点を効率的に学ぶための工夫もされています。高校化学の復習も盛り込みました。読者のみなさまが、"生化学って、面白いな！"と感じてもらえるような入門書になることを、執筆者一同、心から願っています。

　終わりに、本書の監修を快く引き受けて下さいました稲垣 賢二先生はじめ、本書刊行にご尽力いただきました関係者の皆様に心より感謝申し上げます。

2020年12月　編者を代表して
瀧　慎太郎、豊田　優

目 次

第0章 「生化学」という学問とは

第1章 高校化学の復習

第2章 細胞の構造

第3章 生体分子の構造と機能

第4章 タンパク質の構造と機能

第5章 エネルギー代謝

第6章 物質代謝（糖代謝・脂質代謝）

第7章　物質代謝（アミノ酸代謝・核酸代謝）

第8章　核酸の生化学

第 **0** 章

「生化学」という
学問とは

生命現象を化学的に解明する生化学は、医療
やエネルギー分野など、私たちのくらしにも
役立てられている重要な学問です。本章では、
生化学に対するイメージをつかみましょう。

パンと生化学

　食パンや菓子パン、ハンバーガーなど、皆さんがふだん何気なく食べているパンは、日本人の主食として、とても身近な存在になりました。せっかくですので、パンと生化学の歴史について紹介することから、本書の内容に入りたいと思います。

　パンをつくるためには、「酵母（イースト）」が必要です。酵母は微生物の1種で、パン生地に混ぜて寝かせておくと、炭酸ガスを発生させて、生地を膨らませます。このように、酵母が炭酸ガスを発生させることを**「発酵」**といいます。パンがふっくらと美味しく出来あがるのは、酵母による発酵のおかげなんですね。実は、5,000年ほど前から、私たちはパンを食べ続けてきたのですが、「なぜ酵母を混ぜると、炭酸ガスが発生するのか？」という疑問を解決する研究者はなかなか現れませんでした。そのなかで1857年、パスツールという研究者が、**「発酵という現象では、酵母が糖をアルコールと炭酸ガスに分解する」**ことをはじめて理論的に解明しました。まさに、人類が「生化学」という学問領域のドアを開けた瞬間でした。

 ## 「生気論」vs「機械論」

　この発酵という生命現象の理解の歴史には、続きがあります。当時、パスツールの発見よりもずっと前から、研究者たちは、「発酵のような生物がかかわる生命現象」と「燃焼や錬金術のような物質的現象」にちがいがあるのかについて、**「生気論」**と**「機械論」**という二つの考え方で論争を巻き起こしていました（発酵論争）。

　生命現象には、物理学や化学の法則だけでは説明できない独特の原理があるとする「生気論」と、生物は精密な機械であると考え、生

命現象を物理や化学の法則で解明できるとする「機械論」との間で、議論が対立していたのです。長い間、論争が続いていましたが、パスツールの発見により、「発酵には、酵母という生物の存在が不可欠である」ことがしめされたことで、「生気論」が正しいと考えるようになり、発酵論争に終止符が打たれたかに思われました。

　しかしながら、1897年にブフナーという研究者が、酵母をすりつぶした抽出液を用いても、発酵が起こることを発見しました。ブフナーは、酵母の抽出液に含まれる酵素（タンパク質の1種）が、糖の分解を触媒することを明らかにしたわけです。この発見により、**生きた生物（酵母）が存在しなくても、生物がつくる物質（酵素）が存在すれば、生命現象（発酵）が起こることが証明された**ため、生気論は否定され、機械論が正しいとされる時代に突入していったのです。

生化学とはどんな学問なのか？

　1800年代後半、酵素の正体がタンパク質であることは、まだわかっていませんでした。ちょうど、その頃から、物理学や化学に夢中になっていた研究者たちの興味が徐々に生物に向けられるようになります。彼らは物理学や化学で培った研究手法を生物の研究に持ちこむことで、「生物は細胞からできていること」、そして「細胞を構成する物質」を、次々に明らかにしていきました。そのなかで1926年、サムナーという研究者がウレアーゼ（酵素の1種）の結晶化に成功し、それがタンパク質であることをしめしました。そう、**生物が持つ酵素がタンパク質という物質である**ことを証明したのです。

　当初、誰もわからなかった発酵という現象は、糖がアルコールと炭酸ガスに分解される反応であること、酵母からつくられる酵素がその

sidebar markers: 0 1 2 3 4 5 6 7 8

反応を触媒していること、そして酵素の正体がタンパク質であることがわかったのです。つまり、**生物や生命現象の仕組みは、物質や反応を用いて化学的な視点から説明できる**ことに気づいたのです。このような歴史から誕生した学問こそが、「生化学」なのです（図0-1-1）。

　私たちの身の回りには、たくさんの生物が存在し、興味を惹かれる生命現象が山ほどあります。多くの研究者たちは、この150年近くの間に、生物をつくる物質（生体分子）や体の中で起こる反応を化学的な視点から解明してきました。その知識を集約させ体系化したものが生化学という学問です。

図0-1-1　生化学という学問が生まれるまで

私たちの豊かなくらしに貢献してきた生化学

　それでは、実際に生化学の知識を学ぶことは、私たちのくらしの
なかで、どんなことに役立つのでしょうか。

　たとえば、発酵という現象はずっと昔から、私たちの食生活を豊
かにしてきました。パンやお酒、しょうゆやチーズ、ヨーグルトな
ど、普段私たちが食べる発酵食品として、今も身の回りに存在して
います。これらは、発酵の原理が解明されたおかげで、**安全かつ大
量につくる技術が確立されました**。ところで、みなさんは、「バイ
オエタノール」という言葉を聞いたことがありますか？　バイオエ
タノールとは、サトウキビやトウモロコシなどの生物資源を発酵さ
せて得られるエタノールのことで、二酸化炭素の排出を増やさない
ことから、地球環境にやさしい自然エネルギーとして期待されてい
ます。生化学の知識が、**次世代のエネルギー開発への応用**にもつな
がっています。

　さらに、もっとも身近にある問題として「**生化学と病気との関連**」
が挙げられます。たとえば、体を構成する各臓器になにかしらの異
常が発生してしまうと、さまざまな病気の原因となります。**この病
気の原因を解明するためには、臓器や細胞に注目するだけでなく、
生化学の知識を利用した分子レベルでの研究が必要になる**わけで
す。これまで多くの病気に対して、治療法が確立できているのは、
生化学研究の発展によるものでもあるのです。

　このように、生化学の発展は食品やエネルギー開発、医療分野な
どのあらゆる分野において、重要な知識や技術をもたらし、私たち
のくらしに広く貢献しています（図0-1-2）。

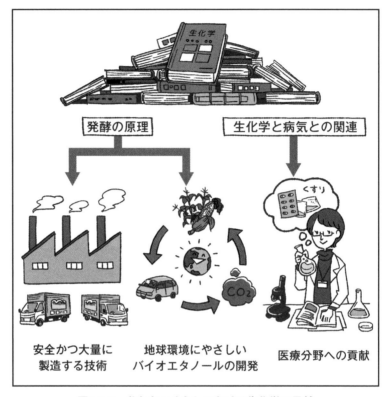

図0-1-2 私たちのくらしにおける生化学の貢献

生命科学の理解に向けて

　現在、生化学は、生命現象を化学的側面から研究するための一つの切り口として考えられており、物理学を切り口とした生物物理学とならび、基礎的なアプローチから理解を深めようとする学問として分類されています。一方、医学や薬学、農学や工学、そして情報学などの切り口から、基礎研究の成果を応用して、私たちのくらしに役立てようとする研究も進められる時代になってきました。

　現代においては、**生命現象を生命科学（ライフサイエンス）という**

大きな学問領域として捉え、さまざまな切り口からアプローチすることが重要視されています。 そのなかで、生命現象を化学的に解明してきた生化学の基礎知識を学ぶことは、**生命科学という大きな学問を理解するうえでの足がかりとして、とても重要です。**

本書で学ぶ生化学の基礎知識

　本書では、生化学を理解するために、最低限必要な基礎知識(これだけ)を抜粋し、解説を行いました。まず1章では、2章以降に含まれる生化学の基礎知識を学ぶうえで必要な高校化学の知識を盛りこみました。2章〜4章では、生物をつくる細胞や物質(生体分子)の構造や機能について、解説しました。5章〜7章では、4章までに登場した各生体分子が主役となり、体の中で起こる代謝反応(エネルギー代謝、物質代謝)の仕組みについて、紹介しました。そして、8章では、生物の遺伝情報がどのような仕組みではたらいているのか、また遺伝情報を書き換え、生化学の研究に応用する新たな技術について、解説を行いました。

　数多くの研究者が、なぜ生命現象に興味を持ったのか？　それは、**私たちの身近にある生命現象について、分子レベルで理解できたときに、大きな喜びと感動が芽生えたからではないでしょうか。** 本書で解説する生体分子の正体や生体反応の仕組みなども、もともとはなにもわからなかったわけです。それが、先人たちの知恵と努力により、ここまで明らかになったことは、本当にすごいことだと思います。このような歴史的背景のうえに、生化学という学問が成り立っていることを頭の片隅に入れて、本書を読み進めてみましょう。

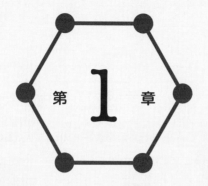

第 1 章

高校化学の復習

生化学を学び、生体分子の性質や体の中で起こっている反応を理解するために「これだけ」は押さえておきたい重要な化学の基礎知識を解説します。

化学知識の習得

これだけ！

生化学を理解するためには、極小(ミクロ)の世界をイメージすることがカギとなります。

豆腐の生化学

大豆タンパク質

水を加えて加熱すると
タンパク質がほぐれ
はじめる(熱変性)。

チオール基

ジスルフィド結合

豆乳に凝固剤を
加えると固まって、
豆腐が完成する。

マヨネーズの生化学

疎水基：油と結びつく
親水基：水と結びつく

水　油滴

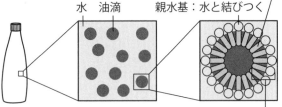

レシチン：卵に含まれるリン脂質の1種

レシチンによって、水の中で油滴の状態を保つことができる。

生化学に対する心構え

　化学や生化学は通常の顕微鏡でも見ることができない分子や原子の世界を学ぶ学問です。そのため、生化学への理解を深めていくためには、私たちの体がどのような分子でつくられているか、各分子がどのような化学反応を起こして、生命活動を維持しているのかを**イメージすること**が大切です。

日常の生化学

　イメージしやすくするためには、身の回りにある生体分子の化学と結びつけることがもっとも良い方法の一つです。特に、生化学は料理や食事、スポーツなどとの関連が多く見られます。

　たとえば、豆腐がつくられる過程で、大豆のタンパク質は、タンパク質のチオール基(-SH)とほかのタンパク質のチオール基同士が共有結合し、ジスルフィド結合(-S-S-)となることでタンパク質同士がつながり合い、豆腐は固まります（「これだけ！」の図参照）。ほかにも、マヨネーズや生クリームなどの食材では、水と油の両方と結びつくタンパク質やリン脂質が卵や牛乳に含まれているため、通常は分離してしまう水と油が混ざりあっています。

　ただ生化学を学ぶだけでは、興味が広がらず、理解が進みません。生化学は特に私たちの生活と密接したかかわりを持っていますので、日常生活と結びつけて興味を持ち、おもしろいと思い続けることが、その理解を平易にし、記憶の定着の手助けになります。

● 生化学は分子レベルの世界を想像することが大切。
● 日常生活とからめて考えることで理解の手助けになる。

原子と分子

これだけ！

分子は、原子がいくつか集まってできており、分子をつくる物質と分子をつくらない物質が存在します。

原子

酸素原子　水素原子

原子は物質を構成する
最小の物質

分子

酸素分子　水素分子　水分子

分子は原子がいくつか結びついて
できたもの

原子の構造

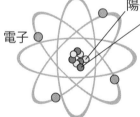

陽子
中性子
電子

陽子：プラス (＋) の電荷を持つ
電子：マイナス (−) の電荷を持つ
中性子：電気的に中性

分子をつくらない物質

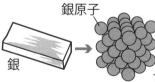

銀原子

塩化
ナトリウム

塩素原子

銀

ナトリウム原子

物質を構成する原子

　すべての物質は原子が集まってできています（「これだけ！」の図参照）。原子の中心には**陽子**と**中性子**でできた**原子核**があり、その周りを**電子**が飛び回っています。陽子は**プラスの電荷（正電荷）**[*1]を持ち、電子は**マイナスの電荷（負電荷）**を持っています。

 ## 分子をつくる物質

　分子が持つ性質は、**原子の種類と数で決まります**。水分子は、一つの酸素原子と二つの水素原子で構成されています。酸素分子（無色無臭）とオゾン分子[*2]（淡青色・特異臭）はどちらも酸素原子で構成されていますが、原子の数が異なり、ちがった性質をしめします。

 ## 分子をつくらない物質

　炭や金属、塩類などのように、分子をつくらない物質も存在します（「これだけ！」の図参照）。たとえば、塩化ナトリウムの結晶は、塩素原子とナトリウム原子が交互に配列しており、塩素原子は周りにあるすべてのナトリウム原子と電気的に引き合うことで結晶をつくっています。分子をつくらない物質の場合、原子が規則正しく並んでいるだけで物質の性質をしめします。

まとめ

● **物質は原子によって構成されている。**

＊1 電荷…陽子や電子などの素粒子が持つ電気的な性質の一つ。電気とほぼ同義語で、個々の
　　　物体や粒子などが持つ電気を指すときには電荷という言葉を用いる。
＊2 オゾン分子…大気中でオゾン層を形成し、宇宙からの紫外線を吸収する。

0
1
2
3
4
5
6
7
8

3 化学結合

🧪 **これだけ！** ⚡

原子や分子は、さまざまな化学結合で結びついています。

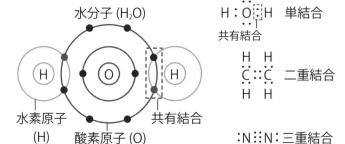

共有結合

水分子 (H₂O)

H : O : H　単結合
共有結合

$$\overset{H}{\underset{H}{C}} :: \overset{H}{\underset{H}{C}}$$ 二重結合

: N ⋮⋮ N : 三重結合

水素原子 (H)　酸素原子 (O)　共有結合

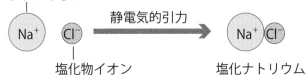

イオン結合

ナトリウムイオン

Na⁺　Cl⁻ → 静電気的引力 → Na⁺ Cl⁻

塩化物イオン　塩化ナトリウム

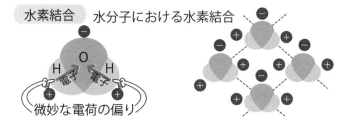

水素結合　水分子における水素結合

O　H　H　電子　微妙な電荷の偏り

共有結合

　共有結合は、原子同士で電子を共有することによって生じるもっとも強い化学結合です。原子は電子の数が2個、10個、18個……になると、安定化します。水分子の場合、8個の電子を持つ酸素原子と、1個の電子を持つ水素原子が、それぞれ1個ずつ電子を共有します。そうして、水分子中の酸素原子は10個の電子を、水素原子は2個の電子を保有し、安定化した分子をつくっています。

イオン結合

　イオン結合は、正電荷を持つ陽イオンと負電荷を持つ陰イオンの間に生じる化学結合です。陽イオンと陰イオンが接近すると、磁石のS極とN極のように引き合います。

水素結合

　水素原子が共有結合で結びつくと電荷の偏りが生じることがあります。この水素原子の電荷の偏りと、ほかの原子の電荷の偏りによって、電気的な引力が生じて、結合することを水素結合といいます。

- **共有結合**：電子を原子同士で共有する結合。
- **イオン結合**：静電気的な引力で生じる結合。
- **水素結合**：水素原子と酸素などのほかの原子の間に生じる結合。

化学式と化学反応式

これだけ！

分子は、**構造式**、**示性式**、**分子式**、**組成式**で表し、分子同士の化学反応は化学反応式で表します。

構造式

H₂C＝CHCH₂CH₃ または

※右の構造式は、左の構造式を簡略化したもの

示性式	分子式	組成式
$H_2C=CHCH_2CH_3$	C_4H_8	CH_2

さまざまな化学式

　化学式には**構造式**、**示性式**、**分子式**、**組成式**の4種類が存在します。**構造式**は、すべての原子の結合を線で表現し、分子の構造を表した図式です（もっとも細かく分子の構造を記載）。**示性式**は、単純な結合の記載を省き、特徴的な結合部分だけしめした図式です。**分子式**は、構成する各原子の数をまとめて記載した図式です。**組成式**は、物質を構成する原子の数をもっとも単純な整数比で表した図式です。

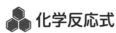 ## 化学反応式

　化学反応の前後における分子の変化をしめすときには、**化学反応式**を用います。反応の前後は、イコール（＝）ではなく、反応の向きをしめす矢印（→）で表します。注意すべき点は、**反応の前後ですべての原子の種類と個数を合わせること**です。

　図1-4-1で、水素分子と酸素分子の反応によってできる水分子の化学反応式を例に見てみましょう。

$$H_2 + O_2 \longrightarrow H_2O$$

H 原子	2 個	2 個
O 原子	2 個	1 個

① 反応前と反応後の物質を書く

$$H_2 + O_2 \longrightarrow H_2O\ H_2O$$

H 原子	2 個	4 個
O 原子	2 個	2 個

② 矢印（→）の左右で、O 原子の数を等しくするために、右側の水分子を1個増やす

$$H_2\ H_2 + O_2 \longrightarrow H_2O\ H_2O$$

H 原子	4 個	4 個
O 原子	2 個	2 個

③ 矢印（→）の左右で、H 原子の数を等しくするために、左側の水素分子を1個増やす

化学反応式 $2H_2 + O_2 \longrightarrow 2H_2O$

※分子が1個のときは「1」は書かない

④ 各分子の個数を分子の前に書き、化学反応式を完成させる

図1-4-1　化学反応式のつくり方

 まとめ
● 化学反応式で、どんな分子がいくつ反応、生成するかがわかる。

立体異性体

これだけ！

分子を構成している原子の種類や数が同じで、立体的に異なる構造を持つ分子を立体異性体と呼びます。

シス・トランス異性体

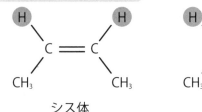

鏡像異性体

Hを奥において考えると、炭素原子を中心に、
$-NH_2$、$-COOH$、$-CH_3$ が時計回りと反時計回りの2つの
パターンがあることがわかります。

＊1 原子団…原子の集まり。複数個の原子をまとめて表記するときに用いる言葉。
＊2 グリシン…もっとも単純な構造を持つアミノ酸(H_2N-CH_2-COOH)。

シス・トランス異性体

単結合は360°回転することができますが、二重結合は二つの結合がねじれてしまうため、回転ができません。そのため、**二重結合があると、分子は2種類の構造をとる**ことがあり、これらを**シス・トランス異性体**と呼びます。たとえば、マーガリンに含まれているトランス脂肪酸は、その名の通り、トランス体の脂肪酸です。一般的に生体内に存在する多くの脂肪酸はシス体であり、トランス体とは別の性質をしめします。

鏡像異性体

一つの原子（主に炭素）に四つ異なる原子または原子団[*1]が結合している場合には、鏡に映したような二つの**鏡像異性体**が存在します。

たとえば、アミノ酸の1種であるアラニンは、Hを奥において考えると、炭素原子を中心に$-NH_2$、$-COOH$、$-CH_3$が、時計回りと反時計回りに並ぶ二つのパターンがあることがわかります。アミノ酸の場合、NH_2、$COOH$、R（CH_3などアミノ酸の種類によって異なる）、の順に時計回りの構造をD体、反時計回りの構造をL体と表記します（3-4参照）。生体内でタンパク質の合成に用いられるアミノ酸は、鏡像異性体が存在しないグリシン[*2]以外はすべてL体です。特定の異性体のみ生体内で利用可能なこともあり、異性体のちがいは生物にとってはとても重要です。

まとめ

- **シス・トランス異性体→二重結合の存在によって生じる。**
- **鏡像異性体→一つの原子に四つの異なる原子が結合することで生じる。**

6 原子量、分子量、濃度

これだけ！

原子や分子の数をしめすにはmolという単位を用います。原子1 molあたりの質量のことを原子量、分子1 molあたりの質量のことを分子量といいます。

	炭素原子	酸素原子	水素分子	水分子
	C	O	H H	H O H
1 mol あたりの粒子の個数	6.02×10^{23}	6.02×10^{23}	6.02×10^{23}	6.02×10^{23}
1 mol あたりの質量	12 g	16 g	2 g （水素原子1つで1 g）	18 g
原子量または分子量	12	16	2	18

＊1 水溶液…溶媒が水である溶液。水の中に物質が溶解した液体のこと。
＊2…塩化ナトリウムは水中で塩化物イオンとナトリウムイオンに電離するため、1 mol/Lの塩化ナトリウム水溶液には、塩化物イオンとナトリウムイオンが、6.02×10^{23}個ずつ存在する。

膨大な数を表記する方法

　分子や原子の量を考えるときに、「個」の単位を使うと膨大な数になってしまうので、「**mol**（モル）」という単位を使います。原子や分子が「1 molある」というとき、その原子や分子が6.02×10^{23}個あることをしめします。

 ## 原子量と分子量

　物質を構成している原子とそのmol数がわかれば、その物質の質量が求められます。もともと、1 molは、「炭素原子が12 gのときの原子の個数」という定義で、炭素原子1 molの質量は12 gとなります。これを炭素の**原子量**といいます。原子量は、原子の種類によって決まっています。また、分子が1 molあるときの質量は**分子量**と呼びます。たとえば、水分子は酸素原子（原子量16）一つと、水素原子（原子量1）二つからなる分子で、1 molの質量は18 gです。

 ## 濃度の表し方

　水溶液[*1]などの溶液1 Lあたりに溶けた分子の数を**mol/L（モルパーリットル）**でしめします。この場合、「1 Lあたりのmol数」という濃度をしめすことになります。たとえば、「1 mol/Lの塩化ナトリウム水溶液」と表記されている場合、水溶液1 Lの中に塩化ナトリウムが6.02×10^{23}個溶けていることになります[*2]。

- **1 mol とは 6.02 × 10^{23} 個のこと。**
- **1 mol/L は溶液 1 L 中に物質が 1 mol 存在する。**

生物を構成する原子の種類

┌─────────── これだけ！ ───────────┐

生物の体は主に炭素、酸素、水素、窒素の4種類の原子から構成されています。炭素を含む化合物のことを有機化合物といい、生物の体は大半が水と有機化合物からできています。

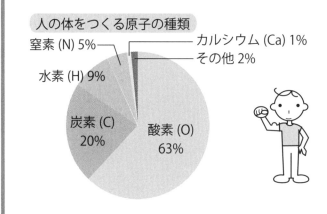

人の体をつくる原子の種類

窒素 (N) 5%
水素 (H) 9%
カルシウム (Ca) 1%
その他 2%
炭素 (C) 20%
酸素 (O) 63%

 ## 生物を構成する原子の種類

　地球上では約90種類の原子が天然に存在しており、人工的につくられた原子を合わせると、現時点で118種類の原子があります。ところが、生物の体をつくる原子の種類はそれほど多くはありません。ヒトの体のおよそ97%が**炭素**、**酸素**、**水素**、**窒素**の4種類の原子でできています。この4種類の原子に次いで、カルシウム、ナ

トリウム、マグネシウム、リン、硫黄、塩素、カリウムが、生命活動を維持するにあたって重要な原子になります。

　ここまでしめした11種類の原子はすべての生物に含まれる大切なものです。その他に、微量ではありますが、鉄、銅、マンガン、亜鉛、コバルト、セレン、ヨウ素などを利用する生物がいます。

生物を構成する水と有機化合物

　酸素原子はヒトの体をつくる原子のなかで約6割を占めていますが、これはヒトの体の6割から7割が水[*1]でできているためです。

　次いで多いのが炭素原子です。これは、**炭素原子が生体分子の骨格の役割を果たす**ためです。代表的な生体分子である糖質、タンパク質、脂質、核酸、いずれもその中心的な原子は炭素です。このような炭素を含む化合物のことを**有機化合物**[*2]と呼びます。ヒト以外の生物の体も、ほとんど水分子と有機化合物が集まってできているのです。

0
1
2
3
4
5
6
7
8

まとめ

● **生物は主に炭素、酸素、水素、窒素の原子からなる。**
● **炭素を含む化合物を有機化合物と呼ぶ。**
● **有機化合物は大変多くの種類が存在する。**

＊1 水…酸素原子と水素原子からなる。
＊2 有機化合物…炭素を含む化合物でも一酸化炭素や二酸化炭素など単純な構造を持つものは無機化合物に分類される。

官能基

> ## これだけ！
>
> 化合物に特定の化学的な性質を与える部分構造を官能基と呼びます。
>
> | 官能基の名称 | 示性式 | 構造式 |
> |---|---|---|
> | ヒドロキシ基 | $-OH$ | $-O-H$ |
> | アシル基 | $R-CO-$ | $R-C-$ $\overset{\parallel}{}$ O |
> | カルボキシ基 | $-COOH$ | $-C-O-H$ $\overset{\parallel}{}$ O |
> | チオール基
(スルファニル基) | $-SH$ | $-S-H$ |
> | アミノ基 | $-NH_2$ | $-N-H$ $\overset{\mid}{H}$ |

有機分子の特徴的な構造

官能基ごとに特徴があり、**同じ官能基を持つ分子は、似たような性質をしめします**。また、官能基同士で化学反応することにより、特徴的な結合がつくられます。

ヒドロキシ基(-OH)

生体分子の中では糖がヒドロキシ基を多数保有しています。この官能基を持つと、親水性*が上がります。

アシル基(R-CO-)

CとOの二重結合が特徴的な官能基で、この官能基を持つことで、分解や結合が行われやすくなります。

カルボキシ基(-COOH)

この官能基を持つと親水性が上がります。カルボキシ基は生体内では、H^+が外れ、$-COO^-$という形になることが多く、酸性の性質をしめします。イオン結合が可能です。

チオール基(スルファニル基)(-SH)

-SH基同士が反応すると、**ジスルフィド結合(-S-S-)**をつくります。強力な共有結合で、生体分子の立体構造に大きくかかわります。

アミノ基(-NH₂)

生体内では$-NH_3^+$として存在していることが多いです。イオン結合が可能であるため、生体内の化学反応で重要な機能を持ちます。

- **官能基ごとに特徴がある。**
- **同じ官能基を持つ分子は似た性質を持つ。**

---

*親水性…水への溶けこみやすさのこと。親水性が高いと水に溶けこみやすい。対義語の疎水性は水への溶けこみにくさを意味する。

活性化エネルギーと化学反応

これだけ！

化学反応を進めるためには、分子が活性化エネルギーよりも大きなエネルギーを得る必要があります。

これ以上のエネルギーが無いと反応は進めない

活性化エネルギー

活性化した状態

触媒によって活性化エネルギーが減少する

エネルギーの大きさ

触媒

反応物質

触媒がある場合の活性化エネルギー

生成物質

反応が進む方向

活性化エネルギーと化学反応

　化学反応を進めるには、一時的に大きなエネルギーが必要となります。このエネルギーを**活性化エネルギー**と呼びます（「これだけ！」の図参照）。化学実験で、試薬の入ったフラスコを加熱したことがあると思いますが、加熱を続けることで、分子が活性化エネルギー

以上のエネルギーを保有し、化学反応が進むのです。ただ単に試薬を混ぜても化学反応が起こらないのは、この活性化エネルギーがあるからです。

活性化エネルギーを下げる触媒

　化学反応に必要な活性化エネルギーを減らすはたらきがあるのが、**触媒**です（「これだけ！」の図参照）。本来ならば大量のエネルギーが必要な化学反応であっても、触媒のおかげで簡単に反応が進みます。

　生物の中にも触媒に似たものがあります。それが酵素（4-2参照）です。酵素は生体触媒とも呼ばれ、より効率的に化学反応を進める重要な役割を持っています。たとえば、高温でないと進まない化学反応でも、酵素のおかげで37度前後のヒトの体温でも、じゅうぶんに反応が進むようになります。

自由エネルギー

　化学反応を学ぶ際に、たびたび自由エネルギーという言葉が出てきます。これは、化学反応の進みやすさを数値化したものです。ある化学反応を進めることで、自由エネルギーが小さくなる場合、その化学反応は自発的に進んでいきます。逆に自由エネルギーが大きくなる場合、その方向に化学反応は進みにくく、外部からエネルギーを加えなければ、決して進むことはありません。

まとめ
- 活性化エネルギーは触媒によって減少する。
- 生体内では酵素のはたらきによって、効率的に化学反応を行っている。

 酸と塩基

これだけ！

酸とは電子を受け取ることができる物質のことを指し、塩基とは電子を与えることができる物質のことを指します。

酸

塩酸 $HCl \longrightarrow H^+ + Cl^-$

硫酸 $H_2SO_4 \longrightarrow 2H^+ + SO_4^{2-}$

酢酸 $CH_3COOH \longrightarrow H^+ + CH_3COO^-$

塩基

水酸化ナトリウム $NaOH \longrightarrow Na^+ + OH^-$

アンモニア $NH_3 + H^+ \longrightarrow NH_4^+$

酸と塩基ってなに？

　酸とはH$^+$（水素イオン）を与える物質であり、塩基とは水素イオン（H$^+$）を受け取ることのできる物質のことをいいます（「これだけ！」の図参照）。この定義のことをブレンステッド・ローリーの定義と呼びます。

 ## 酸性度とは

　酸性度（pH）とは、酸の強さを表す指標であり、H$^+$の濃度をもとに次のような式で数値化したものです。以下の[H$^+$]はH$^+$の濃度、[OH$^-$]はOH$^-$の濃度を表しています。

$$pH = - \log[H^+]$$

水の中で、水分子はわずかにH$^+$とOH$^-$にわかれており、[H$^+$]と[OH$^-$]の積は一定の値になっています。

$$[H^+] \times [OH^-] = 1.0 \times 10^{-14}\ mol^2/L^2$$

　[H$^+$]と[OH$^-$]が等しいとき、すなわち[H$^+$] = [OH$^-$] = 1.0×10^{-7} mol/Lである状態を中性といい、このときのpHは7です。[H$^+$]が10倍高くなると、[OH$^-$]が10分の1に低下し、pH 6の水溶液となります。逆に[OH$^-$]が上昇すると、[H$^+$]が低下し、pHの値が大きくなります（図1-10-1）。

pH	0	1	2	3	4	5	6	7	8	9	10	11	12	13	14
$[H^+]$ (mol/L)	10^0	10^{-1}	10^{-2}	10^{-3}	10^{-4}	10^{-5}	10^{-6}	10^{-7}	10^{-8}	10^{-9}	10^{-10}	10^{-11}	10^{-12}	10^{-13}	10^{-14}
$[OH^-]$ (mol/L)	10^{-14}	10^{-13}	10^{-12}	10^{-11}	10^{-10}	10^{-9}	10^{-8}	10^{-7}	10^{-6}	10^{-5}	10^{-4}	10^{-3}	10^{-2}	10^{-1}	10^0
生活のなかのpH			レモン	みかん	しょうゆ	すいか	だいこん			虫さされ薬	セッケン水		パイプ洗浄剤		
人体中のpH		胃液				尿		血液	涙						
0.1 mol/L 水溶液のpH		HCl		CH₃COOH				NaCl				NH₃		NaOH	

図1-10-1 身近な物質のpH

広い意味での酸と塩基

　酸と塩基の化学反応を電子のやり取りに注目してみると、酸は「電子を受け取る」物質であり、塩基は「電子を与える」物質です。このような酸、塩基の定義をルイスの定義と呼び、それぞれの酸や塩基をルイス酸、ルイス塩基と呼びます。ルイスの定義はさまざまな化学反応を酸と塩基の反応として説明することができるため、生化学ではもっとも一般的に使われています。

図1-10-2　三フッ化ホウ素(BF_3)とジメチルエーテル(CH_3OCH_3)の化学反応

- 酸は電子を受け取ることができる物質。
- 塩基は電子を与えることのできる物質。
- 酸性度は H^+ と OH^- の割合で決まり、pH で表現する。

11 酸化と還元

これだけ！

酸化反応とは電子を失う反応のことであり、還元反応とは電子を受け取る反応です。酸化反応と還元反応はしばしば一つの化学反応の中で同時に起こっています。

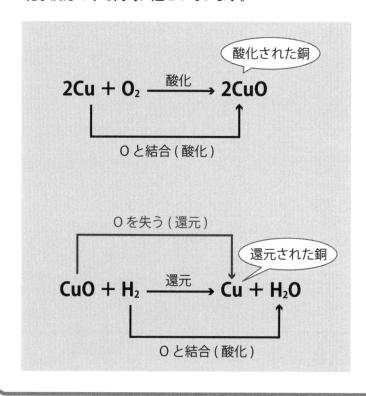

酸化反応と還元反応

　動物も植物も呼吸によって、酸素を取りこんで二酸化炭素を吐き出しています。これは、私たちの体の中で酸化反応が起こっているためです。たとえば銅や鉄が酸素と反応すると、酸化銅や酸化鉄ができますが、体内でも同じような酸化反応が起こっています。

　一方で、還元反応は酸素原子と分離する反応のことです。たとえば、酸化銅を銅に戻す反応は還元反応です。水を電気分解して、水素と酸素に分解するのも還元反応です。

　この酸化反応と還元反応は常に表裏一体の関係にあります。酸化銅を分解する化学反応では、銅からは酸素原子が分離して還元されていますが、一方で水素原子は酸素原子と反応して水になっています。このとき、水素原子は酸化されています。つまり、一方の分子が還元された場合は別の分子が酸化され、ある分子が酸化されたときは別の分子が還元されているのです。一つの化学反応の中で、酸化と還元が同時に起こることがよく見られます（「これだけ！」の図参照）。

 広い意味での酸化還元反応

　上記の通り、酸化反応と還元反応は酸素との化学反応をしめす呼称でしたが、今日では、電子のやり取りに注目して、酸化反応は「電子を失う反応」、還元反応は「電子を受け取る反応」と広い意味で定義されてよく使われています。

　たとえば、さきほどの酸化銅ができる酸化反応を見ると、酸素原子と銅が結合するときに、酸素原子は銅原子から二つの電子を受け取っています（図1-11-1）。そのため、酸化銅の銅は電子が二つ足り

ない状態にあります。この場合の銅をCu^{2+}と書き、銅イオンと呼びます。このように電子を失う反応を酸化反応といいます。逆に酸化銅から銅になる還元反応を見ると、酸化銅の銅イオンから酸素イオンが移動し、銅に変化します。このとき、二つの電子を受け取っていることになります。このように、酸化還元反応は電子の受け渡しで説明することができます。

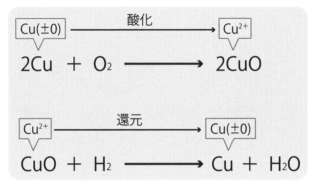

図1-11-1　銅(Cu)の酸化還元反応

- **酸化反応は電子を失う反応。**
- **還元反応は電子を受け取る反応。**

第2章

細胞の構造

すべての生物は「細胞」が集まってできています。本章では細胞を構成している分子の性質や細胞小器官の機能を知り、細胞の構造を理解しましょう。

細胞ってなに？

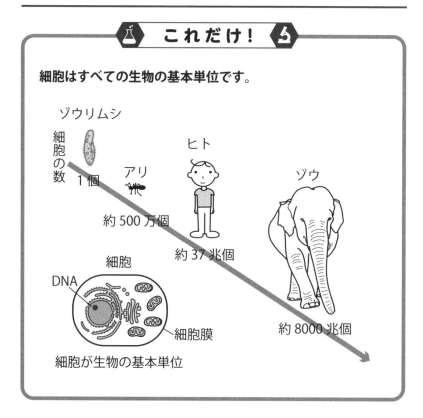

これだけ！

細胞はすべての生物の基本単位です。

ゾウリムシ

細胞の数 1個

アリ

約500万個

ヒト

約37兆個

ゾウ

約8000兆個

DNA

細胞

細胞膜

細胞が生物の基本単位

生物は細胞からできている

　細胞は生命体を構成する最小単位です。生物の種類によらず、どの生物も細胞が集まってできています。細胞に共通した性質は、遺伝情報が刻まれた**DNA**を持っていることと、**細胞膜**で覆われていることです。生物の種類はDNAで決まり、DNA全体が非常に似て

＊ヒトの体の細胞数…一般的にヒトの体の細胞数は60兆個といわれているが、各器官における細胞数、細胞体積の文献情報をもとに再計算されて37兆個程度と見積もられている。

いる場合は同じ種類の生物に分類されます。ヒトとチンパンジーの
DNAを比べると、部分的には非常に似ていますが、両者それぞれ
が固有に持つDNA配列がたくさんあるために、異なる種類の生物
に分類されています。

生物によって細胞の数はさまざま

　アリとゾウは大きさがまったくちがいますが、もちろん細胞の数も
ちがいます。アリは数百万個ですが、ゾウは数千兆個もの細胞が集まっ
てできています。このように複数の細胞が集まってできている生物を
多細胞生物といいます。私たちの身の周りで目につく植物や動物は
ほとんどすべて多細胞生物です。一方、ゾウリムシやミドリムシのよ
うな一つの細胞だけで生命活動を営む生物を**単細胞生物**といいます。
ほとんどの単細胞生物は目に見えない大きさをしています。単細胞生
物のなかにはヒトや動物に感染して悪さをするものや、汚染された環
境をきれいにするもの、お酒の製造などに役立っているものがいます。

一つの生物の中にもたくさんの種類の細胞がある

　ヒトの体は約37兆個の細胞が集まってできていますが＊、その役
割によって約200種類以上の細胞に分けることができます。たとえ
ば、体を保護する皮膚細胞、脳と体をつなぐ神経細胞、体の中に入っ
てきたウイルスを攻撃する免疫細胞などがあります。たくさんの細
胞がそれぞれ役割分担をして、ヒトの生命活動を維持しています。

● **すべての生物は細胞からできている。**
● **生物ごとに細胞の数や種類がちがう。**

真核生物と原核生物

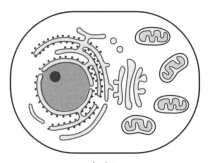

これだけ！

DNAを囲う核膜の有無で真核生物と原核生物の細胞に分けられます。

真核生物の細胞

原核生物の細胞

DNA　細胞質

小さい
(～1 μm)

大きい
(10～100 μm)

真核生物の細胞

　DNAが核膜で包まれている細胞からなる生物のことを**真核生物**といいます。私たちが普段目にする生物はすべて真核生物です。真核生物の細胞は1 mmの1/10〜1/100（10 μm〜100 μm）くらいで、虫眼鏡で見えるか見えないか程度の大きさです。

　真核生物の細胞の中を顕微鏡で拡大してみると、膜で区切られた構造がいくつもあります。これらは単純な区画ではなく、機能ごとに分かれています。たとえば、遺伝情報を保存するための区画(**細胞核**)、タンパク質や脂質をつくるための区画(**小胞体**と**ゴルジ体**)、エネルギーをつくる区画(**ミトコンドリア**)、などがあります。これらをまとめて**細胞小器官(オルガネラ)**と呼びます。細胞小器官以外の部分は空ではなく、さまざまな大きさの生体分子が混み合った電車の中のように詰まっており、**細胞質**と呼ばれています。

　それぞれの細胞小器官と細胞質は無関係ではなく、細胞の活動には1万個以上の生体分子が細胞質と細胞小器官内を行き来することが必要です。

原核生物とは？

　核を持たない細胞からなる生物のことを**原核生物**といいます。原核生物は、真核生物の1/10から1/100くらいの大きさで、顕微鏡を使わないと見えません。ほとんどの原核生物の細胞は細胞小器官を持たず、細胞質とDNAのみの構造となっています。納豆やヨーグルトのような食品の生産にかかわる生物から、食中毒の原因となる生物など、ヒトにとって都合が良いものから悪いものまで無数の種類の生物がいます。これら原核生物は、組換えDNA技術を利用する際に、広く利用されています(8-13参照)。

まとめ
● 真核生物の細胞には細胞小器官がある。
● 原核生物の DNA は細胞質の中にある。

0
1
2
3
4
5
6
7
8

細胞小器官の種類と機能

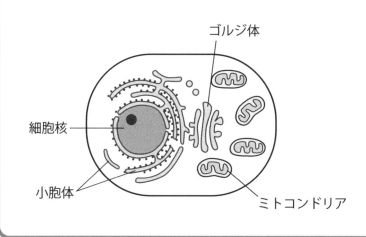

これだけ！

真核生物の中には細胞核と小胞体、ゴルジ体、ミトコンドリアなどさまざまな細胞小器官があり、それぞれ別のはたらきをしています。

ゴルジ体

細胞核

小胞体

ミトコンドリア

　ここでは、真核生物が持っている細胞小器官のなかでも、**細胞核**と**小胞体**、**ゴルジ体**、**ミトコンドリア**の四つに焦点を当て、構造や機能について説明します。

細胞核

　1 mmの1/200程度（5 μm）の球状構造で、生命の遺伝情報を持つDNAがコンパクトにおさめられています。細胞核は、**外膜**と**内膜**の2枚の膜からなる**核膜**によって囲まれており、**細胞質**と分離されています。細胞核は一つ以上の**核小体**を持ち、タンパク質を合成するのに必要なリボソーム（8-9参照）の組み立てを行っています。核膜にはたくさんの**核膜孔**が存在しており、RNA（3-5、8-6参照）やリボソームが細胞核から小胞体に移動するときなどに使われます。

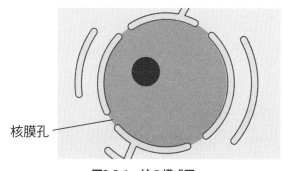

核膜孔

図2-3-1　核の模式図

小胞体

　細胞核の周辺をながめると、迷路のように張り巡らされた膜があります。この細胞小器官が**小胞体**です。表面につぶつぶがついたものと、なめらかなものがあり、それぞれ**粗面小胞体**と**滑面小胞体**といいます。**粗面小胞体**にあるつぶつぶは、細胞核から核膜を通って出てきた**リボソーム**で、生体膜（2-4参照）や細胞外ではたらくタンパク質を合成しています。

　一方、表面がツルッとした滑面小胞体は、脂質の合成を主に行い

ますが、細胞の種類によってはエネルギーやミネラルの貯蔵庫とし
てもはたらきます。

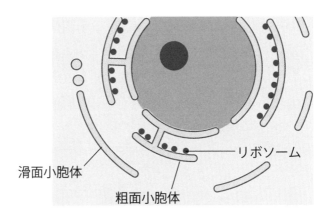

図2-3-2　小胞体の模式図

ゴルジ体

　薄い層状の袋と小胞からなる独特の構造を持ちます。粗面小胞体
で合成されたタンパク質は、小さな袋状の**輸送小胞**の内部に蓄えら
れて、やがてゴルジ体内に移動します。ゴルジ体は、運ばれてきた
生体分子に**糖質**（3-2参照）や**脂質**（3-3参照）といった化合物を付加し
ます。ここで付加された化合物は、その生体分子のはたらきや安定
性にかかわり、また、どこの細胞小器官に運ばれるかをしめす目印
にもなります。

図2-3-3　ゴルジ体の模式図

ミトコンドリア

細胞が生きるためのエネルギーを生産する工場です。ミトコンドリアは細胞核と同じように**内膜**と**外膜**という二重の膜で覆われています。外膜は滑らかなのに対して、内膜は複雑に折れ曲がった**クリステ**というひだをつくっています。このひだがある理由は、エネルギーをつくる場である内膜の表面積を大きくして、多くのエネルギーをつくれるようにするためにあるといわれています。

ミトコンドリアは原核細胞と同程度の大きさであり、細胞核にあるDNAとは別に**ミトコンドリア自身のDNA**を持っています。それゆえに、数十億年前に真核細胞の中に原核細胞が入ったことが起源ではないか、といわれています。

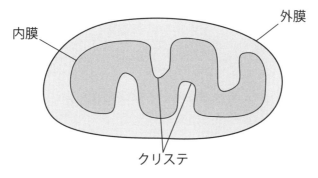

内膜　外膜　クリステ

図2-3-4　ミトコンドリアの模式図

- **細胞核には生命の遺伝情報がある。**
- **小胞体は生体膜の成分を合成する。**
- **ゴルジ体はタンパク質の加工を行う。**
- **ミトコンドリアはエネルギーをつくる。**

生体膜の役割

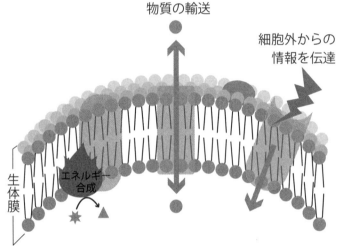

生体膜とは

2-1で説明したように、細胞自体や、それぞれの細胞小器官は膜でつつまれています。このような膜を総称して**生体膜**といいます。

生体膜は単なる仕切りではなく、エネルギー合成、栄養成分の取りこみ、不要物の排出、外との情報をやり取りする場であるなど、生命活動に必要なはたらきをしています。

 ## 生体膜は細胞の恒常性を保つ

細胞にある生体分子は、環境の変化がなければいつも同じくらいの濃度に保っています。このことを**細胞の恒常性**といいます。

これは当たり前のようですが、化合物を分解してエネルギーをつくることや、物質の運搬など、生体分子の量が変わる反応が起こり続けていることを考えると不思議なことです。

細胞の恒常性を保つために重要なはたらきは、生体膜において行われます。生体膜にあるたくさんの生体分子が、外部と内部の情報をキャッチしながら、細胞の内部が安定した状態となるようにエネルギーの生産や物質の輸送をし続けているのです。

- 生体膜を通して物質の輸送を行っている。
- 細胞は恒常性を保っている。

生体膜の構造

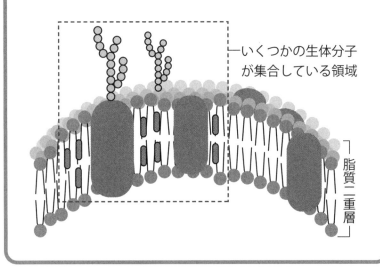

これだけ！

生体膜は、脂質二重層と呼ばれる基本構造をもとに、さまざまな生体分子が混ざってつくられています。

いくつかの生体分子が集合している領域

脂質二重層

生体膜の基本は脂質二重層

　生体膜の成分の大部分は**脂質**（3-3参照）です。生体膜を構成できる脂質は、水を避ける部分（**疎水領域**）と水に溶けやすい部分（**親水領域**）の両方を持っています。この両方を持っている分子が水に溶けると、疎水領域同士が水とふれる部分が少なくなるよう集まり、親水領域が外にくるような構造（**脂質二重層**）となります。この脂質

二重層が袋状に閉じたものが生体膜の基本構造です。

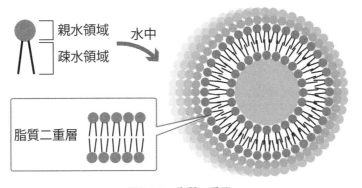

図2-5-1　脂質二重層

脂質以外の生体膜成分

　脂質二重層はほとんどのものを通さないため、袋の中にさまざまな生体分子を閉じこめておくことができます。しかし、この性質のせいで、細胞の栄養やエネルギー生産に必要な化合物を取りこむことができません。この問題を解決するために、脂質二重層の表面や内部には、タンパク質や糖を含むさまざまな生体分子が存在しています。

　生体膜の成分は、膜上を比較的自由に水平移動できます。ただし、中には浮島のようにいくつもの生体分子が集合体となった領域も存在します。このような領域は似た機能を担う生体分子が集まることで、効率的にはたらくことが知られています。

まとめ
- **生体膜は脂質二重層構造を基本とする。**
- **脂質二重層は物質を閉じこめることができる。**

生体膜での輸送

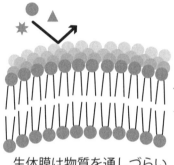

これだけ！

生体膜を介した輸送は、大きな生体分子を運ぶ小胞輸送と、小さな化合物を運ぶ膜輸送体による輸送に大別されます。

大きな生体分子は
→ 小胞輸送

小さな化合物は
→ 膜輸送体

生体膜は物質を通しづらい

生体膜での輸送

　私たち生物は食物からアミノ酸や糖質、脂質やミネラルなどさまざまなものを取りこむことで、エネルギーや体の一部をつくっています。体内に取りこんだ物質はいろいろな過程を経て、最終的に細胞内部に輸送されます。

　生体膜を形成している**脂質二重層**は、タンパク質のような大きな生体分子だけでなく、栄養となるアミノ酸や糖質などの小さな化合物をほとんど通しません。この節では脂質二重層を介して物質の輸

送を行う仕組みを説明します。

小胞輸送

　生体膜に包まれた袋状の構造(小胞)を形成することで、タンパク質などの大きな分子を輸送する方法です。この過程は**サイトーシス**といい、物質を輸送する方向のちがいにより、**エンドサイトーシス**(外から中へ)と**エキソサイトーシス**(中から外へ)に分かれます。

　エンドサイトーシスでは、生体膜が陥没することで外部にある物質を囲いこみ、内部に取りこみます。白血球細胞が病原菌のような異物を細胞内に輸送し、分解するときなどに見られます。**エキソサイトーシス**では、内部にある小胞が生体膜の内側に融合することで、小胞の中身を外部に放出します。老廃物を放出するだけでなく、特定の生体分子を含んだ小胞を運ぶことでほかの細胞や小器官へ情報を伝える手段としても利用されます。

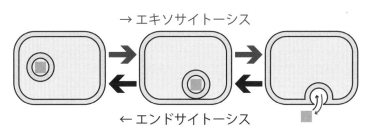

→ エキソサイトーシス

← エンドサイトーシス

図2-6-1　エキソサイトーシスとエンドサイトーシス

膜輸送体

　脂質二重層を通りにくいイオンや、糖質やアミノ酸など小さな化合物は、**膜輸送体**によって輸送されます。膜輸送体は基本的にタンパク質です。

　膜輸送体は、いくつかの種類に分けられており、それぞれ輸送方法が異なります。一つ目は、化合物が濃いほうから薄い方へ流れる力を利用して運ぶ方法（**受動輸送**）です。細胞外よりも細胞内における濃度が高いプロトン（水素イオン）や細胞内よりも細胞外の濃度が高いナトリウムイオンなどの輸送を行っています。二つ目は、エネルギーを利用して、濃度に逆らって運ぶ方法（**能動輸送**）です。細胞内の化合物濃度が崩れたとき、もとの濃度差に戻るようにはたらきます。能動輸送のなかには、水車のように受動輸送するときに生まれるエネルギーを利用して、濃度に逆らって運ぶものもあります。この場合、同じ向きに運ぶことを**共輸送**、逆の向きに運ぶことを**対向輸送**といいます。

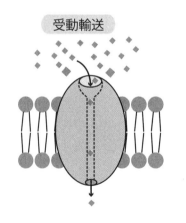

受動輸送	能動輸送
勾配にしたがって輸送	エネルギーを利用して輸送

エネルギー

図2-6-2　受動輸送と能動輸送

まとめ

● **サイトーシスにより大きな生体分子を輸送。**

● **膜輸送体により小さな化合物を輸送。**

第 **3** 章

生体分子の
構造と機能

生化学では生命を成分に分解して理解してい
きます。それでは、ヒトを形づくる成分はど
のようなものでしょうか。本章で、グループ
と機能ごとに理解しましょう。

生体成分

これだけ！

生体は、水と有機化合物と無機化合物でできています。

生体の成分はこれだけ！

② 有機化合物
炭素を含む化合物
タンパク質
脂質、糖質
核酸、ビタミン

① 水
体の約70%を
占める生体の
主成分

③ 無機化合物
炭素を含まない化合物
金属元素、ミネラル

※ CO_2、$CaCO_3$ などは無機化合物

 体を構成する成分

　すべての生物は、①**水**、②**有機化合物**、③**無機化合物**で構成され
ています。ヒトも、イヌも、マウスも、体をつくっている材料はみな同
じです。量としては水がもっとも多く、約70%を占めています。水の
次に多い有機化合物は、約29%を占めています。もっとも少ない無機
化合物は、約1%しかありません。

生命と水

　水は体の約70％を占めており、生命が生きていくうえで不可欠
な物質です。水は、さまざまな化合物を溶かして全身に運ぶのに優
れた性質を持っています。この性質は、**水の極性**に由来します。

 水の極性

　水は酸素1個と水素2個が結合した単純な分子で三角形の構造を
しています。酸素原子は、水素原子の持つ電子を引き寄せる性質が
あります。これによって酸素原子は負（マイナス）、水素原子は正（プ
ラス）の電気を帯びます。このように、分子のなかで電気的にプラス
かマイナスのどちらかに傾いていることを、**極性**を持つといいます。

　極性は水への溶けやすさと関係があります。水分子と同じように、
分子全体に極性や電荷を持つ化合物は、水によく溶けます。一方、
極性も電荷もない部分が多い油のような化合物は、水にほぼ溶けま
せん。

水 (H_2O)

電気的な偏りを持つ＝極性を持つ

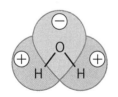

● 水に溶ける物質 (極性物質)
　　糖、タンパク質
　　塩、アルコールなど
● 水に溶けない物質 (疎水性物質)
　　脂質、ベンゼンなど
　　(炭素を多く含む物質)

図3-1-1　水の性質

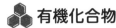 有機化合物

有機化合物とはタンパク質や脂質、糖質といった**炭素を含む化合物**のことです。有機とは、「生命に由来するもの」という意味であり、生体内における化合物のほとんどは有機化合物に属します。たとえば、本章で紹介する**糖質**(3-2)、**脂質**(3-3)、**タンパク質**(3-4、4章)、**核酸**(3-5)、**ビタミン**(3-6)に属する化合物は、すべて有機化合物です。

生命を維持するために必要な有機化合物の種類は非常に多いです。しかし、食事から吸収できる有機化合物だけでは生命の維持に必要な種類には足りません。生体内では、代謝や遺伝子発現(8章)などを通し、限られた種類の材料から多種多様な有機化合物が合成されているのです。

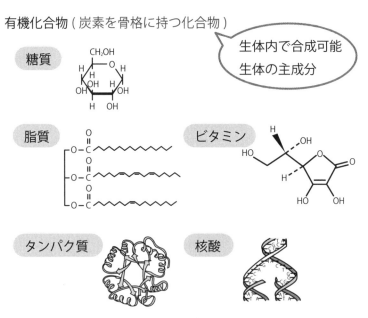

図3-1-2 有機化合物の分類

無機化合物

無機化合物は、**有機化合物以外の、金属元素**や**ミネラルといった化合物**のことです。無機化合物は、細胞内にはわずかな量しかありませんが、生命の維持に欠かせない存在です。無機化合物は、二酸化炭素(CO_2)や炭酸カルシウム($CaCO_3$)といった例外を除き、炭素を含まないことが特徴です。たとえば、金属、食塩、酸素などがあります。無機化合物の多くは、**ミネラル**として、生理機能の調節や組織の構成成分として重要な役割を担いますが、ほとんどの無機化合物は生体内で新たに合成することができません。そのため、植物では土や空気中から、動物では食べ物から体内に取りこむ必要があります。

無機化合物 (炭素を含まない化合物)

金属類 (Fe、Mg、Al など)
塩 (NaCl など)
　ガラス、シリコン
酸素 (O_2)、窒素 (N_2)

} ミネラル

・生理機能の調節に必要
・ヒトは食べ物から摂取する

例外　炭素を含む無機化合物

二酸化炭素、ダイヤモンド etc…

図3-1-3　無機化合物の分類

 まとめ
● 生体は水、有機化合物、無機化合物からなる。
● 水は生体成分の7割を占める。

3-2 糖質

これだけ！

糖質は炭素と水素と酸素でつくられた化合物の総称で、エネルギー産生と代謝の主役です。最小構造は単糖といい、アルデヒド基を持つアルドースと、ケト基を持つケトースに分けられます。

> 糖質の役割
> エネルギー源、核酸の構成成分など

単糖の基本構造

① アルドース
（アルデヒド基を持つ糖）

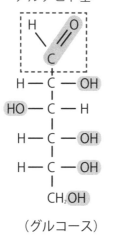

（グルコース）

② ケトース
（ケト基を持つ糖）

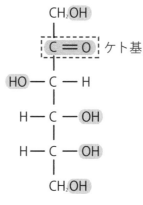

（フルクトース）

糖質とは

　糖質は、主に炭素、水素、酸素で構成される化合物です。構造としては、3～9個の炭素の骨格に対して、アルデヒド基(-CHO)またはケト基(>C=O)のいずれかと、複数のヒドロキシ基(-OH)が結合しています。アルデヒド基を持つ糖をアルドース、ケト基を持つ糖質をケトースといいます。

　糖質は生体にとって主要な**エネルギー源**となるだけでなく、**DNA**の構成成分となったり、植物に見られる細胞壁の材料となるなど、生体においてさまざまなところで使われています。

　糖質は、それ以上分解できない単糖と、単糖同士が結合した二糖、多糖に分類されます。また、糖同士がつながるだけでなく糖とタンパク質や脂質が結合することもあり、これを**複合糖質**と呼びます。

単糖：糖質の最小単位

　単糖は糖質の基本で、**それ以上簡単な糖に分解することができない糖質の最小単位**です。炭素と水素と酸素を1：2：1で持ち、$C_nH_{2n}O_n$という組成式で表すことができます。単糖は、表3-2-1にあげたように、生体内でさまざまな役割を担っています。もっとも小さな単糖は炭素の数が三つの三炭糖(トリオース)で、糖・脂質代謝の中間体になります。そのほかに炭素が四つの四炭糖(テトロース)、炭素が五つの**五炭糖(ペントース)**、炭素が六つの**六炭糖(ヘキソース)**、さらに炭素数の多いものもありますが、生物における糖のほとんどは**五炭糖**、**六炭糖**です。五炭糖には**リボース**という、**DNA**や**RNA**の成分になるものがあります。六炭糖には、**エネルギー代謝の中心**となる**グルコース**などがあります。

表3-2-1 単糖の種類と主な役割

単糖の種類	代表的な糖	役割
三炭糖 （トリオース）	グリセルアルデヒド	糖質・脂質の中間物質
五炭糖 （ペントース）	リボース	DNA、RNA
六炭糖 （ヘキソース）	グルコース フルクトース	エネルギー源

グルコース（C が六つ＝六炭糖）

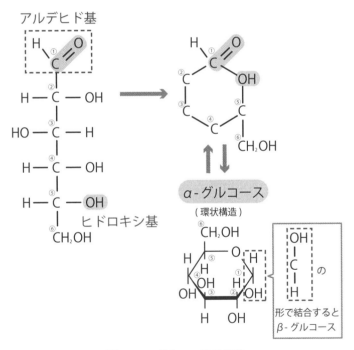

図3-2-1 グルコースの構造

単糖は環状構造を取りやすい

　炭素を五つ以上持つ単糖は、水溶液中や生体内では、**環状の構造を取った方が安定しやすく、ほとんどが環状で存在**します。環状構造をつくるとき、1位の炭素*の結合の向きによって、α、β 2種類の立体異性体ができます。

二糖：二つの単糖がグリコシド結合したもの

　単糖が二つつながったものを、二糖といいます。二つの単糖から1分子の水(H_2O)が外れることで単糖同士が結合することができます。このような結合を**グリコシド結合**といいます。また、二糖を構成する単糖の種類や、グリコシド結合する炭素の場所によって、二糖の呼び名とその性質は異なります。たとえば、α-グルコースの1位の炭素と、別のα-グルコースの4位の炭素の結合をα-1, 4結合といい、こうしてできた二糖はマルトースと呼ばれます。生体内に存在する主な二糖を表3-2-2で確認しましょう。

　二糖：単糖二つが脱水縮合(グリコシド結合)してできた糖

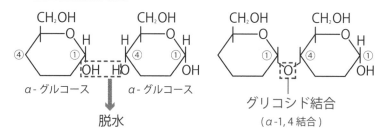

図3-2-2　二糖の構造

＊…有機化合物は、化合物のもっとも特徴的な炭素を1位として炭素に番号をつける。

表3-2-2 代表的な二糖の種類と構造

糖の名前	構成糖	結合	構　造	備　考
マルトース	グルコース 2分子	α-1, 4 結合	CH₂OH　CH₂OH ①①④① OH α-グルコース　α-グルコース	デンプンを分解して得られる
ラクトース	β-ガラクトース β-グルコース	β-1, 4 結合	CH₂OH　CH₂OH OH ①④① H β-ガラクトース　β-グルコース	乳糖 (乳汁に含まれる)
スクロース	α-グルコース β-フルクトース	α-1, β-2 結合	① CH₂OH　CH₂OH ① H ①② CH₂OH α-グルコース　β-フルクトース	砂糖の主成分

　食べ物から摂取した二糖は主に小腸で分解され、単糖として血液中に吸収されます。吸収された単糖は、さらに肝臓でグルコースに変換されてエネルギー源などとして利用されます。

多糖：グリコシド結合の繰り返し構造

　単糖がグリコシド結合により多数結合したものを**多糖**といいます。糖の結合部位や結合の向きによって、直鎖状につながる場合と枝分かれの構造を持つ場合があります。

デンプンとグリコーゲン：エネルギーを貯蔵する多糖

多糖のデンプンとグリコーゲン（表3-2-3）はどちらも単糖のグルコースが大量に結合してできた物質で、エネルギーを効率よく貯蔵します。デンプンには、直鎖状のアミロースと枝分かれを持つアミロペクチンの2種類があります。デンプンはヒトの体内ではつくることができず、植物によって合成されます。

グリコーゲンはヒトをはじめとする動物が生体内で合成することのできる多糖で、筋肉と肝臓に蓄積されます。アミロペクチンに似た形ですが、より多くの枝分かれを持ちます。エネルギーが必要なときには、酵素がグリコーゲンの枝分かれの端からグルコースを切り離し、体内に素早くグルコースを供給することができます。

表3-2-3　エネルギーを貯蔵する多糖の種類と構造

多糖の名前		構　造	結　合
デンプン	アミロース	① ④ ① ④　グルコース 数百～数千個が直鎖状につながっている	グルコース α-1,4 結合
	アミロペクチン	①　直鎖状 枝分かれ構造　①④ ⑥ 100万個ものグルコースがつながっている	α-1,4 結合 & α-1,6 結合
グリコーゲン		⑥ ①　① 枝分かれが多い　⑥	α-1,4 結合 & α-1,6 結合

※デンプン…植物がつくる　グリコーゲン…動物がつくる

セルロースとキチン：骨格を保つ多糖

　多くの植物細胞を取り囲む固い細胞壁の主要な成分は、多糖の一つである**セルロース**です。セルロースもアミロースと同じように単糖のグルコースがたくさん結合してできています。この結合は、β-1, 4結合と呼ばれますが、ヒトは、このβ-1, 4結合を分解する酵素を持っていません。そのため、ヒトがセルロースを食べても、エネルギーにはなりません。

　また、エビやカニの硬い殻は、N-アセチルグルコサミンという単糖がたくさん結合してできたキチンという多糖が主成分ですが、こちらもβ-1, 4結合で結合しているため、ヒトは体内で分解することができません。

表3-2-4　骨格としてはたらく多糖の種類と構造

多糖の名前	構　造	結　合
セルロース	β-グルコース　①④ ○─○─○─○─○─○	βグルコース β-1,4結合
キチン	N-アセチルグルコサミン　①④ ○─○─○─○─○─○	N-アセチルグルコサミン β-1,4結合

※セルロース…植物の細胞壁、ヒトは分解不可
　キチン…エビ、カニなどの外骨格(殻)

- 糖質は、分子内にアルデヒド基またはケト基を持ち、少数の炭素を基本骨格とする化合物。
- 糖質は、単糖、二糖、多糖に分けられ、エネルギー源や細胞の構成成分になる。

脂質

╣ これだけ！ ╠

脂質は水に溶けない有機化合物の総称です。

脂質　①エネルギー源　②生体膜の材料　③生理活性物質

単純脂質 ＝ 脂肪酸 ＋ アルコール

複合脂質 ＝ 脂肪酸 ＋ アルコール ＋ *α*
　　　　　　　　　　　　　　　　リン → リン脂質
　　　　　　　　　　　　　　　　糖 → 糖脂質

その他の脂質 ＝ その他の疎水性有機化合物
　　　　　　　　（ コレステロールなど ）

0
1
2
3
4
5
6
7
8

多種多様な脂質の分類

　油を水に混ぜても、しばらくすると分離します。このように水に溶けない有機化合物のことを、総称して**脂質**といいます。しかし、ひとくちに脂質といってもその種類は多種多様です。

　多くの脂質を構成する基本となるのが**脂肪酸**です。脂質は構成する物質のちがいから、大きく、**単純脂質**、**複合脂質**、**その他の脂質**に分けられます。

　単純脂質は、脂肪酸とアルコールの結合でできた脂質で、代表的

なものにトリアシルグリセロール（中性脂肪）が挙げられます。複合
脂質は、脂肪酸とアルコールのほかに、リンや糖などの化合物を含
みます。その他の脂質には、コレステロールや脂溶性ビタミンなど
があります。

 ## 脂質の生体内でのはたらき

　単純脂質は体内の脂肪組織に貯蔵されて、エネルギー源となりま
す。しかし、脂質は単なるエネルギーの貯蔵物質ではなく、生体膜
の構成成分であることもとても重要です。私たち生物を構成する細
胞や、ミトコンドリアやゴルジ体、小胞体といった細胞小器官も、
リン脂質やコレステロールなどの脂質でできた生体膜に覆われてい
ます。脂質はほかにも、病原菌等から体を守る物質や、神経伝達物
質、成長にかかわるホルモンの材料にもなります。

 ## 脂肪酸はどんな形？

　脂肪酸は脂質の基本になる部品だと説明しました。図3-3-1が脂
肪酸の構造です。炭素（C）と水素（H）だけがつながった「炭化水素」
に、「カルボキシ基（-COOH）」が結合しています。1章で、カルボ
キシ基を持つ物質をまとめて「カルボン酸」と呼ぶことを学びました
ね。つまり、脂肪酸とは**炭化水素を多く持つカルボン酸**です。

 ## 脂肪酸の種類は炭化水素の多さで決まる

　生体内に存在する脂肪酸にはさまざまな種類があります。その種
類と性質を決めているのが、**炭化水素の多さ**です。カルボキシ基
（-COOH）のCをスタートとして、Cの数（炭素数）を数えてみましょ

う。図3-3-1にしめすように、Cが12個の場合はラウリン酸、Cが14個の場合はミリスチン酸、Cが16個だとパルミチン酸です。脂肪酸が生体内でつくられるとき、炭素は2個ずつ増えていきます。そのため、生体内の脂肪酸の炭素数はほとんどが偶数です。

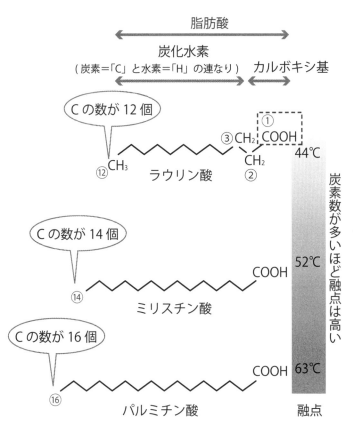

図3-3-1　脂肪酸の融点と炭化水素の多さの関係

炭化水素の多さと脂肪酸の性質

　脂肪酸の水への溶けにくさは炭化水素の多さで決まります。水についての節（61ページ参照）で取り上げたように、極性がない炭化水素は水と混ざりにくい性質を持ちます。炭化水素が多いほど極性は低くなり、脂肪酸は水により溶けづらくなります。

　脂肪酸における炭化水素の多さは、生物の脂の溶けにくさにも影響します。牛肉の脂は冷蔵庫の中では白く固まっていますが、焼くことで溶けて液体になります。一方、牛乳からできる生クリームは脂質を多く含みますが、冷蔵庫の中でも固まりません。このちがいは、牛肉と牛乳に含まれる脂肪酸の炭化水素の多さのちがいによります。炭化水素の数が増えるほど脂肪酸分子同士の結合が強固になるため、大きいエネルギー（強い熱）を与えないと液体になりません。すなわち、**炭化水素が多い脂肪酸は融点が高い**のです。

 ## 二重結合を持つ脂肪酸

　炭素-炭素の間に一つも二重結合がない脂肪酸を飽和脂肪酸と呼び、二重結合が一つでもあるものを不飽和脂肪酸と呼びます。二重結合の数が一つのものを**一価不飽和脂肪酸**、二つ以上のものを**多価不飽和脂肪酸**といいます。

表3-3-1　飽和脂肪酸と不飽和脂肪酸

分類と名称	構　造	二重結合の数	融　点
飽和脂肪酸	(炭素鎖の構造図)	0	高い / 脂肪酸分子間のスペースが広がる / 低い
一価不飽和脂肪酸	$C=C$ の構造図	1	
多価不飽和脂肪酸	二重結合があるほど折れ曲がる（$C=C$ の構造図）	$\geqq 2$	

　脂肪酸が二重結合を持つと、炭化水素はそこで折れ曲がります。二重結合の数が多いほど脂肪酸は折れ曲がり、となりの脂肪酸分子との距離が離れて分子間力が弱くなります。それゆえ、**二重結合の多い不飽和脂肪酸ほど融点が低く**なります。不飽和脂肪酸は、植物や魚に多く含まれます。一価不飽和脂肪酸が多いサラダ油が常温で液体であることや、多価不飽和脂肪酸が多い魚の刺身が舌の上でとろけるのは、不飽和脂肪酸の融点が関係しているのです。

トリアシルグリセロール

　トリアシルグリセロールは、一般的に中性脂肪と呼ばれ、エネルギーの貯蔵の役割を担う分子です。三つの（トリ）、脂肪酸（アシル）

のカルボキシ基(-COOH)がグリセロールのヒドロキシ基(-OH)とエステル結合した構造をしています。グリセロール1分子には三つのヒドロキシ基があるため、グリセロール1分子は三つの脂肪酸と結合できます。

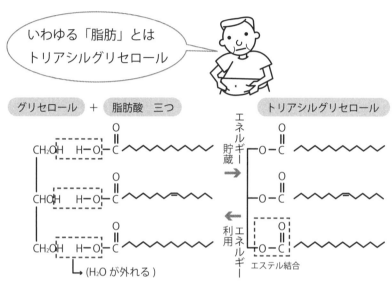

図3-3-2 トリアシルグリセロール(中性脂肪)

トリアシルグリセロールに結合する脂肪酸

グリセロールの三つのヒドロキシ基には、それぞれ異なる種類の脂肪酸が結合することができます。三つすべてに同じ脂肪酸が結合したトリアシルグリセロールは、自然界にはほとんど存在しません。トリアシルグリセロールの融点は、結合する脂肪酸の種類と割合によって決まります。脂肪酸の組成は生きものによって異なっています。たとえば冷たい水に棲むクジラ、アザラシ、ペンギンなどは、脂肪がカチカチに固まってしまうのを防ぐために、マイナス数十度

でも固まらないような不飽和脂肪酸を多く含んだトリアシルグリセロールを皮下脂肪として貯蔵しています。

グリセロリン脂質

　グリセロリン脂質の構造は、トリアシルグリセロールに結合する三つの脂肪酸の内、**一つがリン酸基($-PO_4^-$)に置き換わった構造**をしています。リン酸基が結合した部分は水になじみやすいため、グリセロリン脂質は**疎水性と親水性の両方の部分を持ちます**（両親媒性分子）。リン酸基にはさらに、コリンやイノシトールなどの分子やセリンなどのアミノ酸に結合したものが多く存在します。

グリセロリン脂質は生体膜の主成分

　グリセロリン脂質は、疎水性の部分が向かい合って集合することで**脂質二重層**を形成し、生体膜の主要な構成成分となっています。生体膜を構成する脂質にはグリセロリン脂質のほかにもスフィンゴリン脂質、コレステロールが含まれますが、**グリセロリン脂質が一番多く**、膜脂質の総重量の約90%を占めます。リン酸基に結合する分子の種類や、脂肪酸の種類によって異なる性質を持ち、生体膜のはたらきである細胞内外の物質輸送や、シグナル伝達などを調節します。

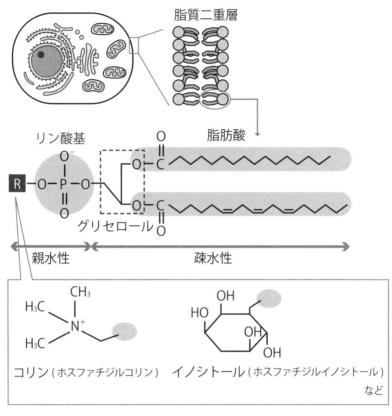

図3-3-3　リン脂質の構造と種類

🔷 スフィンゴ脂質

　スフィンゴ脂質とは、スフィンゴシンという分子に、脂肪酸と、リン酸もしくは糖が結合したものです。スフィンゴシンに脂肪酸が結合したものを、**セラミド**と呼びます。このセラミドに、**リン酸基およびさまざまな極性基**が結合した物質を**スフィンゴリン脂質**と呼びます。スフィンゴリン脂質はグリセロリン脂質と同様、**親水性と疎水性両方の性質を持つ**脂質で、生体膜に存在しています。特に脳

や神経組織に大量に存在し、**細胞の情報伝達**にも関与していることがわかってきています。一方、スフィンゴ脂質に**糖（グルコースやガラクトースなど）**が結合した物質を**スフィンゴ糖脂質**と呼びます。スフィンゴ糖脂質は、細胞膜の外側にあるのが特徴です。細胞の外側に飛び出した糖の部分が細胞外の物質と反応することで、特定の細胞への情報伝達を正確に行うことができます。

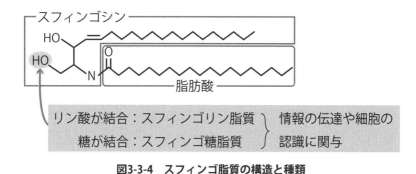

図3-3-4　スフィンゴ脂質の構造と種類

ステロイド

　ステロイドは、４個の炭素環がつながった骨格（ステロイド環）を持つ脂質です（図3-3-5）。**コレステロール**や**胆汁酸**、**ステロイドホルモン**、**ビタミンD**がこれに含まれます。A ～ D環と呼ばれるステロイド環の内、A環の３位にヒドロキシ基(-OH)が結合したものを総称して**ステロール**といいます。ステロイド環は疎水性ですが、ヒドロキシ基は親水性の性質を持つため、ステロールは親水性、疎水性両方の性質を持ち、グリセロリン脂質と共に細胞膜の構成成分になっています。コレステロールと聞くと悪いイメージをもたれる方もいると思いますが、生体膜の構成成分であるだけでなく、**脂質の消化・吸収に必要な胆汁酸**や**ホルモンの材料**でもあり、ヒトにとっ

て不可欠な役割を果たしています。

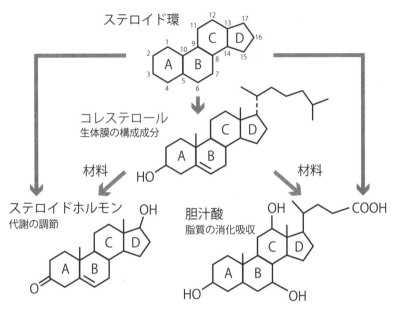

図3-3-5 ステロイドの構造と種類

まとめ

- 脂質とは疎水性の有機化合物の総称。
- 脂質は、エネルギー源、生体膜、生理活性物質の材料になる。

タンパク質

これだけ！

タンパク質はアミノ酸がつながってできた高分子で、からだをつくったり、生体内の化学反応に関係したり、生命の根幹を担います。

分子を運ぶ
（4-3参照）

情報を処理
（4-3参照）

筋肉などを
かたちづくる
（4-3参照）

分子の機能を
変える（酵素）
（4-2参照）

生命のほとんどの機能はタンパク質が担う

生命の根幹を担うタンパク質

　有機化合物のなかで、もっとも多いのがタンパク質です。タンパク質は体の構造から、シグナル伝達や代謝などの生体内の化学反応まで、生命に重要な機能のほとんどを担っています。

　また、タンパク質はアミノ酸がつながったものであり、このアミノ酸の結合の順序や構造により、前述のような多様なはたらきが可

能になっています。この節では、タンパク質の構成について詳しく
見ていきましょう。

アミノ酸の基本骨格

アミノ酸は、タンパク質を構成する基本単位となる物質で、構造
の特徴としてアミノ基($-NH_2$)とカルボキシ基($-COOH$)の両方を持
つ有機化合物です。タンパク質を構成するアミノ酸は20種類存在
し、**側鎖**と呼ばれる部分がそれぞれ異なります(図3-4-1)。真ん中
の炭素はα炭素と呼ばれ、側鎖がHであるグリシンを除き、四つの
異なった官能基が結合しています。

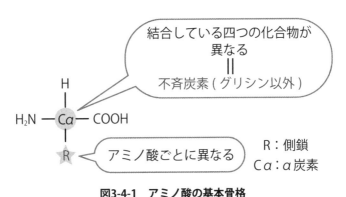

図3-4-1　アミノ酸の基本骨格

 アミノ酸の種類

アミノ酸の側鎖の種類によって、アミノ酸の性質を分類できます。
まず、水に溶けにくい(疎水性)か、水に溶けやすい(親水性)かにより
分けられます(表3-4-1、3-4-2)。親水性のものは、電荷を持たな
いものと、電荷を持つものに分けられます。さらに、電荷を持つも
のは、塩基性をしめすもの、酸性をしめすもの、に分けられます。

　その他、特徴的なアミノ酸として、メチオニンとシステインは硫黄原子を含みます。システイン同士は共有結合することが可能で、4-1でお話しする3次構造に関与します。また、プロリンのみ環状構造（イミノ基）であり、ほかのアミノ酸と少し形がちがいます。

　また、アミノ酸をもう少し詳しく分類すると、L-アミノ酸とD-アミノ酸に分けられます。D-アミノ酸もL-アミノ酸と側鎖は同じですが、α炭素から見て、右手と左手のように左右対称の関係（鏡像異性体）です（1-4参照）。不思議なことに体内にあるアミノ酸はほとんどがL-アミノ酸です。一方、D-アミノ酸は体内にほとんど存在しないといわれていましたが、最近の研究から生命の維持に関係することがわかりつつあります。身近に存在するアミノ酸ですが、まだまだわからないことが沢山あるのです。

表3-4-1　アミノ酸の種類と構造（疎水性）

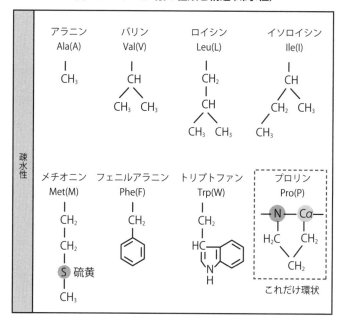

※アミノ酸の側鎖（図3-4-1におけるR）のみを記述している。

表3-4-2 アミノ酸の種類と構造(親水性)

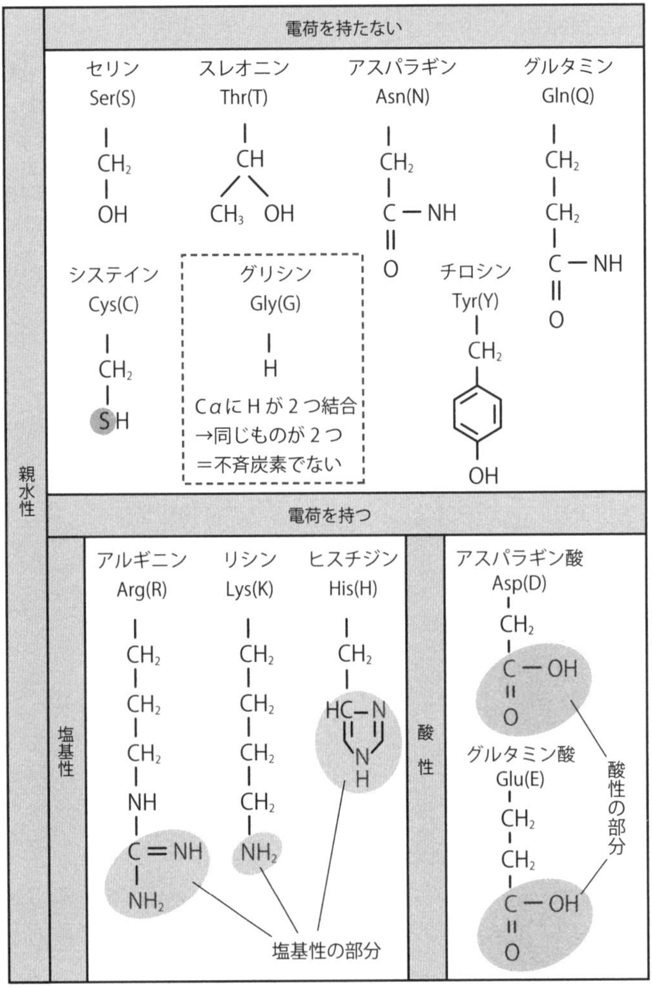

※アミノ酸の側鎖（図3-4-1におけるR）のみを記述している。

アミノ酸の表記法

タンパク質はたくさんのアミノ酸がつながっているため、簡単に表記するためにアミノ酸をアルファベット1文字で書く習慣があります(表3-4-1、3-4-2)。たとえば、アラニンはA、グリシンはGといった具合です。なかにはリシン(K)、チロシン(Y)のように頭文字と対応していないアミノ酸もあります。

 ## アミノ酸同士はどうやって結合するの？

タンパク質はアミノ酸がつながってできていますが、アミノ酸同士はどうやってつながっているのでしょうか。アミノ酸はアミノ基(-NH₂)とカルボキシ基(-COOH)からなると説明しました。アミノ基からHが、カルボキシ基からOHが外れて、CとNが共有結合することにより、アミノ酸同士が結合します。このアミノ酸同士の結合のことを、**ペプチド結合**といいます(図3-4-2)。

また、アミノ酸同士が一本の鎖のようにつながったとき、端っこにあるアミノ酸はペプチド結合していないアミノ基またはカルボキシ基を持ちます。ペプチド結合していないアミノ基とカルボキシ基はそれぞれ**N末端**、**C末端**と呼ばれます。一般的にN末端が左に、C末端が右に来るようにアミノ酸の配列を書きます。

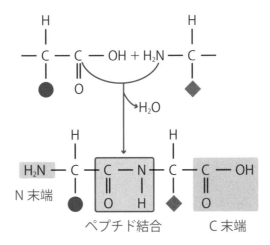

図3-4-2 ペプチド結合

 まとめ
- タンパク質は生命の根幹を担っている。
- タンパク質はペプチド結合によりアミノ酸がつながってできた高分子。

5 核酸

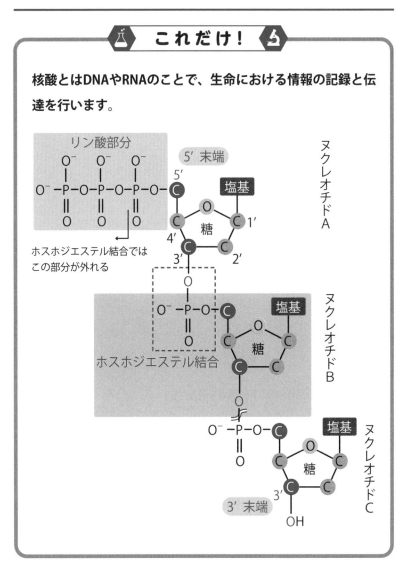

これだけ！

核酸とはDNAやRNAのことで、生命における情報の記録と伝達を行います。

リン酸部分

5′ 末端

ホスホジエステル結合では
この部分が外れる

ヌクレオチドA

塩基

糖

ホスホジエステル結合

ヌクレオチドB

塩基

糖

ヌクレオチドC

塩基

糖

3′ 末端

OH

0
1
2
3
4
5
6
7
8

核酸を構成するもの

　これまで述べてきた糖質や脂質、タンパク質をつくる方法は体の中のどこに書いてあるのでしょう？　それは、細胞の中にある核酸に記録されているのです。核酸は、「塩基」「糖」「リン酸」と呼ばれる化合物が一つずつ結合した構造（ヌクレオチド）を最小単位としています。塩基は生命の情報を担う部分、糖はヌクレオチドの骨格の部分、リン酸はヌクレオチドをつなげる役割を担っています。

　ヌクレオチドの糖の環状を構成する炭素には、1′から5′の番号が付けられています。ヌクレオチドは、5′の炭素に結合した三つのリン酸基の内二つが外れることで、残ったリン酸基と3′の炭素に結合したヒドロキシル基が反応して、共有結合（**ホスホジエステル結合**）します。ホスホジエステル結合によってヌクレオチドが何個もつながることで、鎖のような構造が形成されます。8章で詳しく説明しますが、この鎖こそが生命の情報を担っています。5′がホスホジエステル結合していないヌクレオチド端を**5′末端**、3′がホスホジエステル結合していないヌクレオチド端を**3′末端**といいます。

 ## DNAとRNAの構造のちがい

　核酸は**DNA**と**RNA**に分けられます。DNAは遺伝情報の記録としてはたらき、RNAは主にDNAに記録された情報をタンパク質に変換する役割を担い、生体分子を必要な量だけ生み出すはたらきをします。はたらきのほかに、DNAとRNAの構造には三つのちがいがあります。

　まず、糖の部分がちがいます。DNAは2′にHが結合した2-デオキシリボースであるのに対し、RNAは2′にOHが結合したリボースで

す。二つ目に、DNAとRNAは両方とも4種類の塩基を持ちますが、3種類が共通で、1種類だけ異なります。DNAはアデニン（A）、グアニン（G）、シトシン（C）、チミン（T）を塩基として持つのに対し、RNAはチミン（T）の代わりにウラシル（U）が結合します（図3-5-1）。三つ目に、DNAは2本鎖で存在するのに対し、RNAは主に1本鎖で存在するというちがいがあります。DNAとRNAのそれぞれの機能については、8章で詳しく説明します。

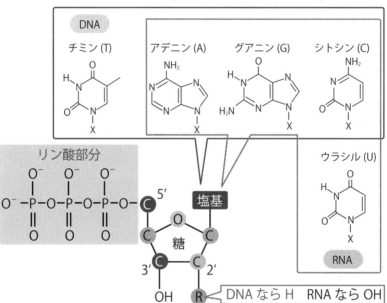

図3-5-1　核酸の基本構造

DNAの２重らせん構造

　DNAの塩基は、「AとT」、「GとC」が互いに結合し合う性質を持っています。そのため、２本の相補的な鎖が逆平行に並ぶことで、**二重らせん**構造を形成します（図3-5-2）。二重らせんはデオキシヌクレオチド約10個分で一回転しており、塩基部分が内側で対になるようにらせんが形成されています。また、リン酸基部分が外側に出ているため、DNAは負の電荷を帯びています。

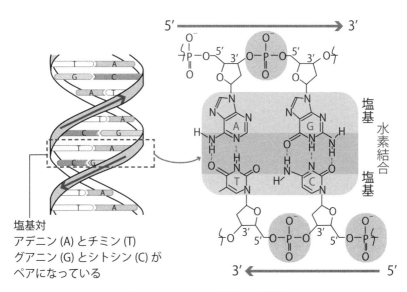

塩基対
アデニン (A) とチミン (T)
グアニン (G) とシトシン (C) が
ペアになっている

図3-5-2　DNAの二重らせん構造

ヒストンがDNAを折りたたみクロマチン構造をつくる

　ヒトの細胞核内にあるDNAは、一直線に伸ばすと約2 mにもなります。ところが、2章で説明したように、細胞核の直径は100分の1 mmくらいです。また、DNAは負の電荷を帯びており、電気的な反発によって小さくまとまれません。

　これらを解決し、DNAをコンパクトにまとめるのが**ヒストン**というタンパク質です。ヒストンはDNAをリールのように巻き付けます。さらに、ヒストンが持つ正の電荷が、DNAの負の電荷を打ち消します。このDNAがヒストンに巻きついた構造のことを**ヌクレオソーム**と呼びます。

　ヌクレオソーム同士が集まることで、長いDNAはさらにコンパクトにたたまれます。その結果、細胞核の中でコンパクトに収まっているのです。ヌクレオソームが折りたたまった構造は、**クロマチン構造**と呼ばれます。あまりにコンパクトになると（ヘテロクロマチン）、DNAになにが書いてあるのか、細胞内のシステムでも読みとることができません。それゆえに、クロマチン構造がゆるまった状態（ユークロマチン）となったときだけ、DNAに記録された情報が読めるようになっています。

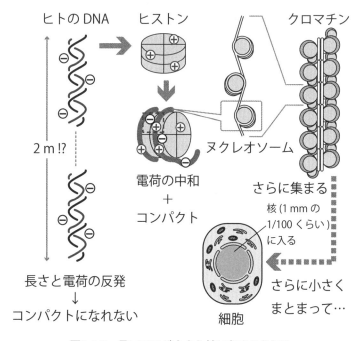

ヒトのDNA　ヒストン　　　クロマチン

2 m !?

電荷の中和
＋
コンパクト

ヌクレオソーム

さらに集まる

核 (1 mm の
1/100 くらい)
に入る

長さと電荷の反発
↓
コンパクトになれない

さらに小さく
まとまって…

細胞

図3-5-3　長いDNAが小さな核に収まる仕組み

まとめ

- 核酸は生命における情報の記録と伝達を行う。
- 核酸には DNA と RNA がある。
- ヒストンが DNA をコンパクトにまとめている。

ビタミンとミネラル

これだけ！

ビタミンとミネラルはヒトが摂取しないと生きていけない化合物[1]です。**生体機能の脇役から主役まで幅広い役割を担います。**

ヒトの体内で合成できないが生理機能に必須な化合物

ビタミン
水溶性ビタミン
　ビタミンB群、ビタミンC
脂溶性ビタミン
　ビタミンA、D、E、K

ミネラル
カルシウム
ナトリウム
鉄
亜鉛 etc …

水素 (H)、炭素 (C)、酸素 (O)、窒素 (N) を除いた元素がミネラル。この内、ヒトに必須なものは **16 種類**

ビタミンとは

　ビタミンは体内の代謝をはじめとするさまざまな生理現象に重要な役割を持つ栄養素です。必要な量は少ないですが、**ヒトの体の中では新たにつくることができない有機化合物**で、食事から摂取しな

---

*1…ビタミンDの一部は、生体内で合成できる。

ければいけません。ビタミンは、水や油への溶けやすさによって**水溶性ビタミン**と**脂溶性ビタミン**に分けられます。水溶性ビタミンには、ビタミンB群と、ビタミンCがあり、脂溶性ビタミンにはビタミンA、D、E、Kがあります。ビタミンには**補酵素**として酵素がはたらく助けになるものと、化合物自身が生理的機能を持つものとがあります。それぞれのビタミンの機能について、このあと詳しく見ていきましょう。

 ## ミネラルとは

ミネラルには、骨の材料になるカルシウムや、生理機能の維持・調節に必要となるナトリウム、鉄、亜鉛などがあります。ミネラルはビタミンと同様に、ヒトの体の中ではつくることができず、食べ物から取る必要があります。地球上の元素の内、**水素、炭素、酸素、窒素を除いたものをミネラルといいます。**この定義に当てはまる元素は100種類以上ありますが、ヒトの体の中に存在して栄養素として欠かせないことがわかっているミネラルとして、現在**16種類**が知られています。

 ## 酵素を活性化させるビタミン、ミネラル

酵素のなかには、酵素そのものだけでは反応を行うことができず、**補因子**が結合することで活性化するものがあります。**ビタミンとミネラル**の内のいくつかは、この補因子としてのはたらきを持ちます。

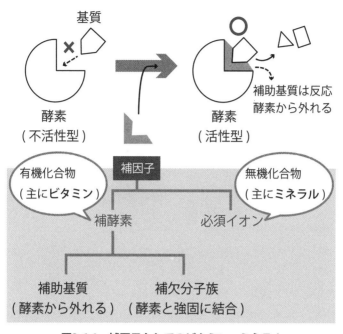

図3-6-1　補因子としてのビタミン、ミネラル

補酵素

　補因子の内、有機化合物であるものを**「補酵素」**といい、その多く
は**ビタミンからつくられます**。補酵素はさらに二つの型に分けられ、
酵素にくっついたり離れたりするものを「補助基質」といいます。補
助基質は反応を終えると形を変え、酵素から離れていきます。た
とえば、ビタミンB群の一つであるナイアシンはNAD⁺という補酵
素になり、酸化反応（脱水素反応）[*2]を行う酵素に結合します。酸化
反応により引き抜かれた水素イオン（H⁺）がNAD⁺に移ってNADHに
形を変えると、酵素から外れます。ここでできたNADHは、今度は
別の酵素の補酵素として還元反応[*3]に使われて再びNAD⁺に戻りま

＊2、3…酸化・還元反応（1-11 参照）。

す。このように、補助基質は**さまざまな酵素で再利用**することができます。

一方、酵素と離れることなく常に結合しているものを「補欠分子族」といい、チアミン（ビタミンB₁）やビオチンといったものがあります。

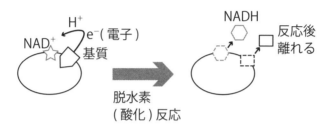

① NAD⁺は脱水素酵素の補酵素 (補助基質) としてはたらく。
② NAD⁺に水素と電子が渡されて NADH になると分子の形が変わり、脱水素酵素から離れる。
③ 離れた NADH は別の還元酵素に結合して、基質に水素を与え再び NAD⁺の形に戻る。

図3-6-2 補酵素NAD⁺による酸化反応の仕組み

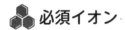 **必須イオン**

補因子のなかで、有機化合物ではないものを**必須イオン**と呼びます。多くの場合金属陽イオンであり、鉄(Fe^{2+})、やマグネシウム(Mg^{2+})、カリウム(K^+)、などの**ミネラル**がこれに当たります。いくつかの酵素は、酵素活性を完全に発揮するために金属陽イオンを必要としています。たとえば、血液に含まれるヘモグロビンは必須イオンとして鉄が結合することで酸素を運ぶことが可能になります。ミネラルがこのように補因子としてはたらくため、生物は多くのミ

ネラルを必要とします。

水溶性ビタミンとは

水に溶けやすい性質を持つビタミンを水溶性ビタミンといいます。ビタミンB群は生体内で変換され補酵素としてはたらき、ビタミンCは物質の酸化を抑えるはたらきをします。

水溶性ビタミン
… ビタミンの内水に溶けやすい性質を持つもの。
　水溶性ビタミンの多くは生体内で変換され補酵素となる。

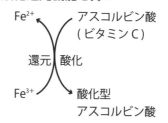

ビタミン B 群	ビタミン C
補酵素としてはたらく水溶性のビタミン	補酵素ではなく自身が酸化還元機能を持つ

ビタミン B_1、B_2、B_6
ナイアシン、パントテン酸、
ビオチン

↓

エネルギー代謝を支える

Fe^{2+} ─ アスコルビン酸（ビタミン C）

還元 酸化

Fe^{3+} → 酸化型アスコルビン酸

金属イオンを還元型に保つ

葉酸、ビタミン B_{12}

↓

血球細胞産生、神経疾患予防

図3-6-3　水溶性ビタミンの種類と役割

水溶性ビタミン ―ビタミンB群―

　水溶性のビタミンの内、**代謝されて補酵素としてはたらくもの**の代表として**ビタミンB群**があります。現在、ビタミンB$_1$、B$_2$、ナイアシン、パントテン酸、B$_6$、B$_{12}$、葉酸、ビオチンの**8種類**が**ビタミンB群**として知られています。ビタミンB$_1$は世界で初めて見つけられたビタミンであり、日本人の研究者である鈴木梅太郎により発見されました。その後、ビタミン発見の競争が沸き起こり、共通したはたらきを持つものはすべてB群とされたといわれています。

　ここでは、ビタミンB群のなかで特に重要なはたらきを担っているナイアシンを紹介します。ナイアシンは代謝されてニコチンアミドアデニンジヌクレオチド（NAD$^+$）となり、酸化還元反応を担う補酵素としてはたらきます（95ページ参照）。このNAD$^+$を用いた酸化還元反応は、主には代謝の重要な経路である解糖系やクエン酸回路で行われています。そのため、ナイアシンが不足すると、糖質・脂質・タンパク質からのエネルギー産生が滞ってしまうことになります。

　ビタミンB群の多くは、代謝酵素の補酵素になっています。ビタミンが足りないときに体の調子が悪くなってしまうのはこのためです。葉酸（B$_9$）やB$_{12}$は血球細胞の生産を助けると共に、神経疾患、胎児奇形を防ぐことが知られています。

水溶性ビタミン ―ビタミンC―

　ビタミンBのほかに、水溶性のビタミンが一つだけ知られています。それがビタミンCです。ビタミンCは**補酵素ではない**ことから、ビタミンB群とは分けて考えられます。ビタミンC自身が酸化されることで、多くの金属イオンを**還元型の状態に維持する**はたらきを

持ちます。ビタミンC自体は補酵素ではありませんが、酵素の補因子である必須イオン（96ページ参照）を還元状態に保つことで、さまざまな酵素のはたらきを助けています。また、酵素活性とは別に、鉄イオンは酸化型（Fe^{3+}）より還元型（Fe^{2+}）のほうが体内に吸収されやすいため、金属イオンを還元型にできるビタミンCと鉄分を一緒に摂ることが栄養学的に推奨されています。

🔷 脂溶性ビタミンとは

　ビタミンA、D、E、Kは、炭素の環状構造や長い脂肪酸鎖を持つため疎水性で、脂質に溶けやすい構造をしています。これらのビタミンは**脂溶性ビタミン**といい、視覚（ビタミンA）、骨の形成（ビタミンD）、抗酸化剤（ビタミンE）、血液凝固（ビタミンK）、補酵素としてのはたらき（ビタミンA, K）など、さまざまな生理機能を持っています。これらのビタミンが欠乏すると、体の機能に障害が生じます。ただ、ヒトの体は多量の脂肪を蓄積する傾向があるため、脂溶性ビタミンは体の外に排出されにくく、脂溶性ビタミンを大量に摂取することが続いた場合には、**過剰症**の恐れもあることに注意しなければいけません。

脂溶性ビタミン

　… 長い炭素骨格を持ち、脂質に溶けやすいビタミン

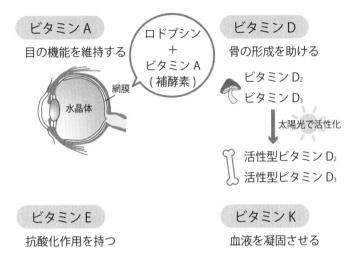

図3-6-4　脂溶性ビタミンの種類と役割

脂溶性ビタミン ―ビタミンA―

　ビタミンA（レチノール）は20個の炭素からできた疎水性の脂質分子で、食物中のβカロテンを分解して得ることができます。ビタミンAは、網膜に存在するロドプシンというタンパク質の**補酵素**としてはたらき、視神経が光の刺激に応じて正常にはたらくのを助けます。ビタミンAの欠乏症としては、暗い所で視力が低下する夜盲症が有名であり、過剰症では皮膚の障害や食欲不振が起こることが知られています。

脂溶性ビタミン ―ビタミンD―

　ビタミンDは、カルシウムの吸収を促進して骨の形成を助けます。

ビタミンDには、きのこ類や植物に含まれるビタミンD_2と、動物の皮膚で合成されるビタミンD_3があります。どちらも太陽光（紫外線）を浴びることで、ヒトの体の中で活性を持つ活性型ビタミンD_2、活性型ビタミンD_3になります。食事からの摂取が不足してもビタミンDの欠乏症は起こりにくいのですが、日光に当たることが少ない生活を送っている人は欠乏症が起こることがあります。

ミネラル（ヒトに必須な無機化合物群）

　生体に必須な栄養素の内、炭素、水素、酸素、窒素を除いた元素がミネラルです。その内、ナトリウム、カリウム、カルシウム、マグネシウム、リン、塩素、硫黄および、微量の銅、鉄、亜鉛、クロム、マンガン、コバルト、セレン、モリブデン、ヨウ素の**16種**はヒトにとって必須のミネラルです。

ミネラル
　　… 炭素 (C)、水素 (H)、酸素 (O)、窒素 (N) 以外の元素

ヒトにとっての必須のミネラル (16種)			
ナトリウム	塩素	マンガン	亜鉛
マグネシウム	カリウム	鉄	セレン
リン	カルシウム	コバルト	モリブデン
硫黄	クロム	銅	ヨウ素

① 生体組織の構成成分 … 骨、歯、リン脂質、ヘモグロビンの鉄
② 生体機能の調節 ……… pH 調節、神経伝達、酵素の補因子

図3-6-5　ミネラルの種類と機能

体内でのミネラルのはたらき

ミネラルは、さまざまな生体機能を調節します。以下に例をあげます。

①生体組織の構成成分

- 骨や歯の成分となるもの（カルシウム、リン、マグネシウムなど）
- 生体内の有機化合物の成分となるもの（リン脂質、ヘモグロビンの鉄など）

②生体機能の調節

- pHを調節するもの（カリウム、ナトリウム、カルシウム、マグネシウム、リンなど）
- 神経、筋肉、心臓の神経伝達を調節するもの（カリウム、ナトリウム、カルシウム、マグネシウム、リンなど）
- 酵素の**補因子**として作用するもの（マグネシウム、鉄、銅、亜鉛、セレン、マンガンなど）

 ## ミネラルの吸収

ミネラルはヒトの体内でつくることができず、食事から摂取する必要があります。しかし、ミネラルによっては吸収されづらく、ほかの成分によって吸収が妨げられることもあります。一方、ミネラルの吸収を助ける成分もあります。鉄はビタミンCと一緒に、カルシウムはビタミンDと一緒に摂ることで吸収されやすくなります。体内での貯蔵率はミネラルによって異なり、排出されにくいミネラルを多量に摂り続けると、健康によくないこともあります。

まとめ
- ビタミン、ミネラルは体内で合成できない。
- 食事から摂取する必要のある微量栄養素。

ホルモンと
神経伝達物質

これだけ！

ホルモンと神経伝達物質は、細胞から細胞へ情報を伝える化合物です。

ホルモンの場合

ホルモンは血管という道路を通って
車のようにシグナルを伝える

体中を回って作用

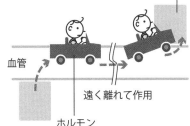

別の器官の細胞

血管

遠く離れて作用

ホルモン

神経伝達物質の場合

神経伝達物質は神経細胞(駅)と神経細胞またはほかの
器官(駅)の間を電車のようにシグナルを伝える

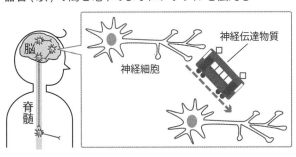

脳

脊髄

神経細胞

神経伝達物質

ホルモンと神経伝達物質

　体が成長するとき、体のいろいろな部位がバラバラのタイミングで大きくなると困りますよね。体の中には、「成長してください」というシグナルが、そのとき成長してほしい器官まで行くシステムが存在します。指令を出す細胞から、シグナルを伝える分子（成長ホルモン）が出て、これが成長してほしい器官の細胞に「成長してください」と伝えるのです。この一例がしめすように、体の中には細胞と細胞の間を行き来して連絡をする分子が存在します。それが**ホルモン**と**神経伝達物質**です。これらの分子は、いずれもその分子だけが結合できるタンパク質（4-3参照）に結合して、細胞にシグナルを伝えます。

　ホルモンと神経伝達物質には、異なる点もあります。ホルモンは血管を介してシグナルを伝えるので、血管が入りこんでいるところであれば、どこへでも遠くまで作用できます。一方、神経伝達物質は、神経細胞から神経細胞へ、もしくは神経細胞から筋肉へシグナルを伝えます。神経細胞と受け取る細胞の間は1 mmの5万分の1程度と非常に小さな隙間があり、その間を神経伝達物質が移動することでシグナルを伝えます。さらに、熱いお湯に触ったときすぐ手を引っこめるなどのように、神経伝達物質を介したシグナル伝達はとても速いです。つまり、ホルモンは、車のように血管という道路を通りながらシグナルを伝えるのに対し、神経伝達物質は、電車のように神経細胞という駅から、その神経伝達物質を受け取る細胞という駅まで、すばやくシグナルを伝えます。

まとめ
- **ホルモンは離れた器官に作用する。**
- **神経伝達物質はすぐ近くの細胞に作用する。**

第 **4** 章

タンパク質の
構造と機能

「タンパク質」は、生化学のみならず、生命
現象の主役です。共通する構造はなにか、ど
のような機能があるのか学んでいきましょ
う。

タンパク質の構造

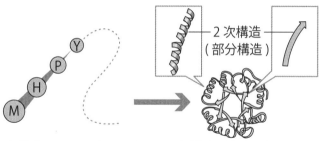

これだけ！

アミノ酸がどのような種類と順序でつながっているかの情報を1次構造といいます。1次構造を折りたたんだ部分構造を2次構造、タンパク質がはたらくときに取る立体構造を3次構造といいます。

2次構造
（部分構造）

1次構造（アミノ酸の順序） 3次構造（機能を持つ形）

1次構造

　タンパク質はアミノ酸が真っ直ぐ鎖のようにつながってできています。どのような種類のアミノ酸がどのような順序でつながっているかの情報を**タンパク質の1次構造**といいます。普通のタンパク質は数百個のアミノ酸がつながっています。アミノ酸の配列の順番は3-4で説明したアミノ酸の種類を表すアルファベットを使って

「MHPY……」のように書き、N末端のアミノ酸を1番目としてC末端に向かって数えます。このペプチド鎖の中で、ペプチド結合に沿って連なっている骨格をタンパク質の**主鎖**といいます。そして、主鎖から枝分かれしている部分（アミノ酸ごとに異なる部分）をタンパク質の**側鎖**といいます。

タンパク質の一次構造はアミノ酸が結合している順序

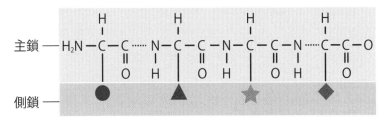

通常数100個のアミノ酸がつらなる

一文字表記を用いてN末端からMHPY……LNKのように表記

図4-1-1　タンパク質の1次構造

2次構造

　タンパク質の2次構造とは、タンパク質の1次構造が部分的に折りたたまってできた規則的な構造のことです。タンパク質の2次構造には、大きく、**αヘリックス**と**βシート**という二つの構造があります。αヘリックスとβシート、どちらの構造になるかは、タンパク質の1次構造のちがいによって決まります。

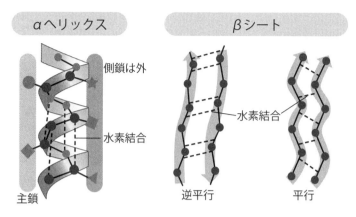

図4-1-2　タンパク質の2次構造

αヘリックスとは

　タンパク質の1次構造の主鎖がらせん状に巻いてできる構造を**α ヘリックス**といいます。このらせんは右巻きで、らせん1周はアミノ酸3.6個分になっています。また、アミノ酸の側鎖はすべてらせんの外側に突き出た構造をしています。

βシートとは

　βシートは、タンパク質の1次構造の主鎖が平行にならび、お互いに水素結合により固定された平面構造です。ならんでいる主鎖の方向が同じものを平行βシート、反対方向のものを逆平行βシートと呼びます。

3次構造

　タンパク質の3次構造とは、タンパク質の立体的な構造で、2次

構造が組み合わさった構造です。3次構造までできて初めて、タンパク質は酵素やセンサーといったさまざまなはたらきができるようになります。水素結合やイオン結合などの非共有結合や、システインのチオール基(-SH基)が共有結合すること(-S-S-、ジスルフィド結合)により、強固な結合が可能になっています。

タンパク質3次構造 ＝ 2次構造の組み合わせ
非常にたくさんの形

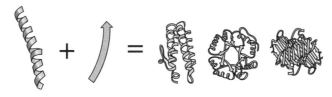

αヘリックス　βシート

図4-1-3　タンパク質の3次構造

 ## タンパク質は無限の可能性のなかから限られた形を取る

　理論的には、タンパク質はつながっているアミノ酸の数が多ければ多いほど、取れる形のパターンは増えます。しかし、実際にはタンパク質の3次構造は1次構造によって決まっています。すなわちアミノ酸の順序と性質によって安定な構造が決まっています。この安定な構造が形成される過程を**フォールディング**といいます(図4-1-4)。アミノ酸の1次構造とフォールディングの関係は複雑で、タンパク質が限られた形を取る機構はいまだ解明されていません。

疎水性の側鎖　　　　　　　　３次構造

フォールディング

ひも状　　　　　　　　　　　球状

図4-1-4　タンパク質のフォールディング

タンパク質の構造と機能

　異なるタンパク質でも、１次構造が３割以上同じだと、３次構造
も似ていることがほとんどです。一方で、１次構造中のアミノ酸が
一つちがうだけで、フォールディングがうまくいかなくなることや、
機能が変わってしまう場合があります。

まとめ

- **1次構造：アミノ酸の順序の情報**
- **2次構造：主鎖が取り得る規則的な構造**
- **3次構造：タンパク質がはたらくときの構造**

酵素

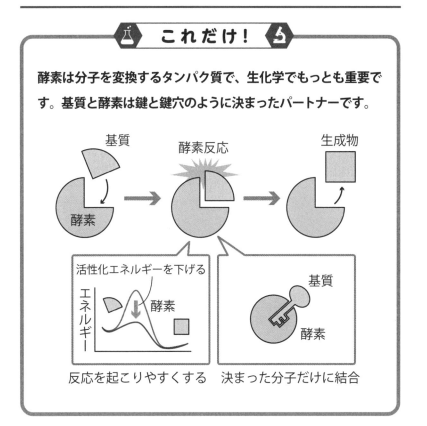

これだけ！

酵素は分子を変換するタンパク質で、生化学でもっとも重要です。基質と酵素は鍵と鍵穴のように決まったパートナーです。

基質　　　酵素反応　　　　生成物

酵素

活性化エネルギーを下げる

エネルギー　　酵素

反応を起こりやすくする　　決まった分子だけに結合

基質

酵素

🔷 酵素は触媒のはたらきをするタンパク質

　酵素は分子の化学反応を促進する触媒のはたらきをするタンパク質です。分子が集まっても、化学反応は普通、ほとんど起きません。これは活性化エネルギーと呼ばれる壁が反応の行き来を妨げている

からです（1-9参照）。触媒と呼ばれる化合物は、この活性化エネルギーを下げ、化学反応を起きやすくします。酵素も触媒で、化学反応を起きやすくします（「これだけ！」の図参照）。ただし、酵素は普通の触媒と異なり、生命活動をスムーズにする四つの特徴があります。

一つ目は、必要とする環境の条件です。化学工場などで使われる普通の触媒は、高圧、高温度など、ヒトが住めないような環境で使われますが、酵素は生物が生きている環境のように、体温程度・標準大気圧・ほぼ中性という穏やかな条件で化学反応を助けます。

二つ目は、化学反応を助ける速さのちがいです。酵素があることで、酵素がないときの百万倍以上の速さで化学反応が起きます。これは、普通の触媒より千倍近く速いのです。

三つ目は、酵素は決まった分子としか結合せず、その関係は鍵と鍵穴のようなパートナーです（「これだけ！」の図参照）。このような対応関係ゆえ、酵素に結合する分子をその酵素の**基質**と呼びます。

最後の性質は、酵素はさまざまな調節を受けるということです。基質以外の物質が酵素にくっつくことで、反応が止まったり、より速くなったりします。

酵素は主としてタンパク質からできていますが、これだけでは機能できない場合があります。このようなときには、ビタミンが変換されてできる補酵素（3-6参照）が必要となります。

酵素反応の速度を求めてみよう

酵素による化学反応は、まず酵素と基質がくっつき、そのあと酵素が基質をちがう分子（生成物）へと変換します。酵素は1mmの十〜百万分の1の大きさなので見ることは難しいのですが、実は最初

に入れた基質の濃度を変えることで酵素の「はたらく速さの限界値（**V_max**）」と「基質とのくっつきやすさ（**K_m**）」がわかります。V_{max}が大きいほど速く反応が起きる一方、K_mが小さいほどくっつきやすくなります。この二つと、基質の濃度[S]から、酵素反応の速さ（V）が図4-2-1の式から求まります。

この式で酵素のはたらきの強さがわかる！

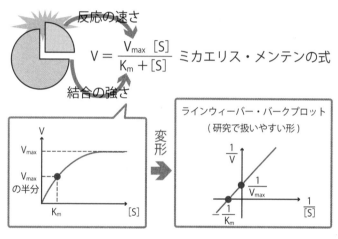

反応の速さ

$$V = \frac{V_{max}\,[S]}{K_m + [S]}$$ ミカエリス・メンテンの式

結合の強さ

変形

ラインウィーバー・バークプロット
（研究で扱いやすい形）

図4-2-1 酵素反応の速さを表す式

　この関係式は発見者の名前から、**ミカエリス・メンテンの式**と呼ばれ、酵素のはたらきの強さや、酵素の阻害様式を推定するのに使われます。この式から、[S]=K_mのとき、VはV_{max}の半分となることがわかります。

　また、この式を変形して、1 / V を縦軸に1 / [S]を横軸に書くと、直線となり、酵素反応の性質を表す値が視覚的にわかりやすくなります（**ラインウィーバー・バークプロット**）。通常は、基質の濃度[S]を変えたときの、酵素反応の速さVのちがいをラインウィーバー・

バークプロットに当てはめ、K_mとV_{max}を決定します。

可逆反応・不可逆反応

　酵素による化学反応は一方通行とは限りません(図4-2-2)。酵素が生成物とくっつき、再び基質に戻してしまうことがあります。これは、生成物がたくさんあり、基質が少ないときに起こります。このように、逆の反応も起こる化学反応のことを、**可逆反応**といいます。一方、生成物がすぐ消費されたり、酵素とくっつきづらい、そもそも逆の反応をするために大きなエネルギーが必要だったりする場合などは逆の反応は起こりません。このような場合は一方向の反応となり、**不可逆反応**といいます。これらは特に5章〜7章で説明する代謝において非常に重要です。

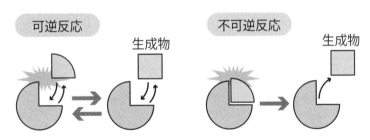

図4-2-2　酵素の可逆反応と不可逆反応

酵素には三つの阻害様式がある

　酵素は基質以外の物質がくっつくことで反応が止まることがありますが、その物質のことを**阻害剤**といいます。酵素がはたらきすぎることで、病気になることがあるので、酵素のはたらきを弱める阻害剤は薬として用いられることがあります。それでは、阻害剤はどのように酵素のはたらきを妨げているのでしょうか。酵素のはた

らきを邪魔する方法（阻害様式）は3種類あります（図4-2-3）。まず、酵素のはたらきに重要な部分（**活性部位**）に結合する**拮抗阻害**があります。阻害剤が酵素の活性部位以外の部分に結合する場合は、**非拮抗阻害**といいます。また、阻害剤は酵素単独に結合するのではなく、酵素と基質の複合体に結合し、基質が反応する場合は、**不拮抗阻害**といいます。

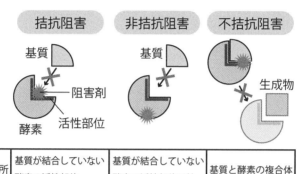

結合場所	基質が結合していない酵素の活性部位	基質が結合していない酵素の活性部位以外	基質と酵素の複合体
変化	K_m が変化	V_{max} が変化	K_m と V_{max} の両方が変化

図4-2-3　酵素のさまざまな阻害様式

酵素の阻害様式はラインウィーバー・バークプロットから推測される

　阻害様式はミカエリス・メンテンの式を応用したラインウィーバー・バークプロットから推測することができます。拮抗阻害では、阻害剤と基質が酵素を取り合うため、基質とくっつく力が弱まったようになり、K_m の値だけが変化します。非拮抗阻害では、酵素がはたらく力が弱まったようになるので、V_{max} だけが変化します。不拮抗阻害では、反応が進まない複合体がたくさんできるので、基質

にくっつくことができる酵素の量が減ります。そのため、K_mとV_{max}は両方とも変化します。このように、K_mやV_{max}がどのように変化するか実験することで、どのような阻害様式を取るかが推測できるのです。

- 酵素は生体内で速い反応を可能にする。
- 酵素と基質は鍵と鍵穴の関係。
- 酵素反応の速度と阻害様式はミカエリス・メンテンの式から求めることができる。

3 酵素以外のタンパク質

 これだけ！

タンパク質には、酵素のほかにもセンサー、輸送、結合、構造の形成など、さまざまな役割を担うものがあります。

酵素以外のタンパク質たち

受容体
シグナルを受け取り伝える

輸送体
分子を運ぶ

結合体
くっつける

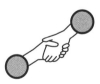

構造体
筋肉や軟骨などをかたちづくる

酵素以外のタンパク質

前節では、代謝など体の中で大事なはたらきをする酵素につい

て説明しました。ここでは、体の中で、酵素以外の重要なはたらきをしているタンパク質について紹介します。まず、外の情報を受け取りセンサーとしてはたらくタンパク質（受容体）、細胞の内外へ物質輸送するタンパク質（輸送体）があります。さらに、細胞や物質にくっつき、細胞間の連絡に関わるタンパク質（結合体）、体を支える構造の一部としてはたらくタンパク質（構造体）などがあります。

体外の物質を感知するタンパク質

　生物が生きていくためには、外の情報を判断し、応答しなくてはなりません。この処理と応答を担うのが、センサータンパク質（受容体）です。受容体は、光やにおいなどに反応して構造を変え、細胞内に情報を伝えます（図4-3-1）。

　受容体は**Gタンパク質共役型受容体（GPCR）**と呼ばれるグループに属するものが多いです。GPCRは光やにおいの感知に関与するため、ヒトの五感にとても重要です。

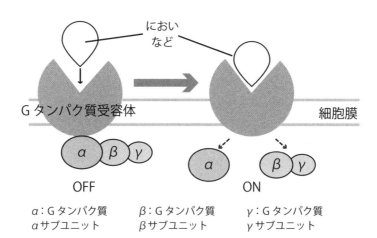

においなど

Gタンパク質受容体　　　　　　　　　細胞膜

OFF　　　　　　　ON

α：Gタンパク質αサブユニット　　β：Gタンパク質βサブユニット　　γ：Gタンパク質γサブユニット

図4-3-1　センサータンパク質の例：Gタンパク質共役型受容体

膜の内外へ物質を輸送するもの

　細胞膜は完全に閉じているのではなく、物質を通す穴があります。その穴の役割を果たしているのが、**イオンチャネル**や**イオンポンプ**、**トランスポーター**というタンパク質です（図4-3-2）。イオンチャネルは電気の刺激を受けたり、特定の物質が結合したりすると開き、イオンを通します。一方、イオンポンプやトランスポーターはエネルギーを使って、イオンポンプはイオンを、トランスポーターはアミノ酸や脂質などを輸送します。

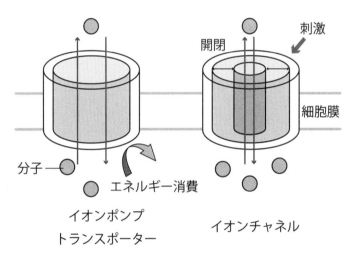

図4-3-2　細胞内外に物質を輸送するタンパク質

細胞内の端から端まで物質を輸送するもの

　神経細胞のようなとても長い細胞でも、物質は端から端まで届けられなくてはなりません。このような細胞内での物質の輸送にもタンパク質がはたらいています。**キネシン**や**ダイニン**と呼ばれるタンパク質は、物質を背負い、細胞内を縦横に走る微小管に沿って二本

足様の構造を一本ずつ進行方向に進め、まるで歩くように物質を運びます（図4-3-3）。

図4-3-3　細胞内で物質の輸送を行うタンパク質

 ## 細胞同士をくっつけるタンパク質

　心臓や筋肉などでは、複数の細胞で協調した活動をする必要があります。この活動には、**コネキシン**というタンパク質が重要なはたらきをしています（図4-3-4）。コネキシンは隣り合う細胞同士が剥がれないようにくっつけるとともに、コネキシンの内部を物質が通ることで、隣り合う細胞の細胞内環境を同じような状態にします。

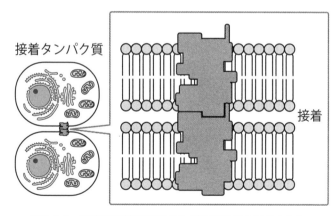

図4-3-4　細胞間を接着するタンパク質の例：コネキシン

外敵にくっつくタンパク質

　細菌などの外敵が体内に入ると、免疫細胞に伝わって、外敵から体を守る仕組みがはたらきます。この過程の中で免疫細胞に知らせる役割を果たすのが、**抗体**というタンパク質です（図4-3-5）。抗体は外敵（抗原）に結合すると、外敵がきたことを免疫細胞に知らせ、外敵だけに結合する新しい抗体をたくさんつくるようにします。その抗体と外敵がお互いにたくさんくっつき合ってできた塊を、マクロファージという細胞が食べることで、体が守られます。

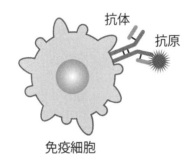

図4-3-5　外敵に結合するタンパク質：抗体

 ## 筋肉をつくっているタンパク質

　筋肉はタンパク質で構成されています。腕などを動かすときに使う骨格筋は、アクチンとミオシンというタンパク質が入れ子になった構造をしています（図4-3-6）。ミオシン一つはゴルフクラブのような形をしており、ミオシンの膨らんでいる先端がアクチンの繊維に結合しては離れることで、アクチン繊維をたぐり寄せます。それにより、アクチン繊維間の距離が短くなり、筋肉の収縮が生じます。

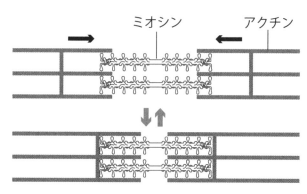

ミオシン　　アクチン

図4-3-6　筋肉の収縮にかかわるタンパク質

潤滑油として大切なコラーゲン

体を動かすときに大事なタンパク質は筋肉だけではありません。軟骨などに存在するコラーゲンが力の発生や骨のクッションとしてはたらきます。コラーゲンは、主にグリシンとプロリンまたはアラニンが繰り返した1次構造をとり（図4-3-7）、それが3本らせん状にからまって1本の繊維を形成しています。

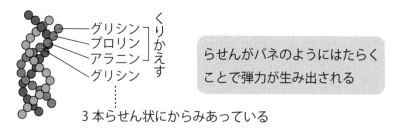

グリシン
プロリン　く
アラニン　り
グリシン　か
　　　　　え
　　　　　す

らせんがバネのようにはたらく
ことで弾力が生み出される

3本らせん状にからみあっている

図4-3-7　コラーゲンの構造

まとめ

● タンパク質には、酵素以外にも受容体、輸送体、結合体、構造体などさまざまなものがある。

第 **5** 章

エネルギー代謝

ここでは、生物が生きていくうえで欠かすことができない「エネルギー」に着目します。私たちの活力の源であるエネルギーの正体やその生成過程を見ていきましょう。

代謝とは？

これだけ！

代謝とは、体内にある物質を利用した一連の化学反応のことで、生命活動を維持するために必要不可欠です。

代謝

代謝とは

実際に食べたものが利用されるまでに、体の中でどのようなことが起きているのでしょうか？　ここからは、ミクロな視点で見ていきたいと思います。

私たちは毎日ご飯を食べて元気を得ていますね。このことを、もう少し科学的に考えてみたいと思います。たとえば、豚肉の生姜焼きを食べたときに、別に豚肉がそのまま筋肉となるわけではなく、胃

腸で消化されて豚肉の塊とはちがう形になってから体で使われます。このことは、皆さんもなんとなくご存知かと思います。実際に体の中に吸収したものを、生物が使えるかたちに変換したり、要らなくなったものとして処理したりする過程のことを、**代謝**といいます。代謝は、「**エネルギー代謝**」と「**物質代謝**」の二つに大別することができます。

エネルギー代謝とは

エネルギー代謝とは、代謝によってエネルギーを得るという観点から代謝を考えたものです。食べたものが体の中で消化され、分解されて、そこから取り出したエネルギーで私たちが生きている、まさにそのことを考えるのです。エネルギーとは日常会話でもよく使う言葉ですが、生化学用語としてのエネルギーはどのようなものを考えるのでしょうか？　このことは、このあと詳しく説明します。

物質代謝とは

物質代謝とは、文字通り、私たちの体の中にある物質がどのように変化していくかということに着目するものです。私たちは、三大栄養素である炭水化物（糖質）、脂肪（脂質）、タンパク質を胃腸で消化し、吸収したあと、生化学的な細かい過程を経て、エネルギー源として使用します。これまでの章で学んだように、炭水化物を構成する分子は糖、タンパク質を構成する分子はアミノ酸であり、脂肪は脂質分子によって成り立っています。こういった物質は、それぞれが異なる分子ですから、代謝の方法も千差万別です。それぞれがちがう中間物質を経て、最初とはちがう形・特性を持つ分子に変化していきます。

　さまざまな物質と一緒になって新しい物質に変化していくさま
は、さながら出世魚のようです。ただし、出世魚は魚として大きく
なるだけですが、物質代謝では、分子がどんどん新しくなり、場合
によっては大きくなる過程も、逆にどんどん分解されて小さくなる
過程も考えます。その詳細は6章と7章で紹介します。

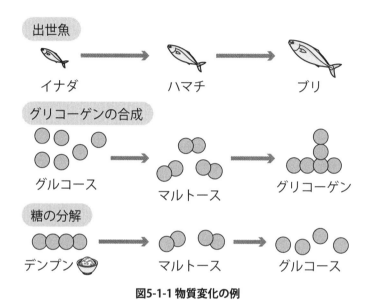

図5-1-1 物質変化の例

🍱 食べたものが体の中に入るまで

　私たちが食べたご飯やお肉、野菜などは、口、食道、胃、小腸、
大腸などを順に通過していきます。その間、食べ物は、糖質や脂質、
アミノ酸といった、より小さな単位の構成成分に分解されます。こ
れが消化です。消化されることで、体の中に入りやすくなったり、
体の中で利用されやすくなったりするのです。消化された食べ物が
体の中に取りこまれることを吸収といいます。腸管（小腸や大腸）か
ら吸収された物質は、門脈という血管を通って肝臓に運ばれます。

肝臓は、体を構成する臓器のなかで、代謝反応の多くを担っている臓器です（この物質代謝については6章と7章で紹介します）。肝臓で代謝を受けた物質は、体をつくる材料やエネルギー源、すなわち栄養として全身へと運ばれます。一方、人体に悪影響を与えるようなものや過剰に存在する物質は、必要に応じて解毒されたのちに排泄されることになります。このように食べ物が活力になるまでには、いろいろな段階があるのです。さて、それではいよいよ体を動かすエネルギーの正体に迫っていきましょう。

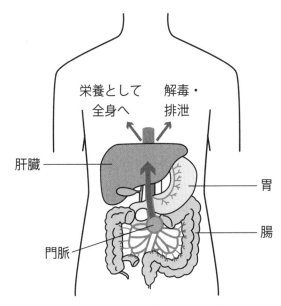

図5-1-2　食べたものが体の中に入るまで

- 代謝は、エネルギーが得られることに着目したエネルギー代謝と、物質の変化に着目した物質代謝の二つに分けて考えることができる。

生きるために必要なエネルギー

これだけ！

生体反応には、反応を進めるためのエネルギーが必要です。

生きるためにエネルギーが必要な理由

　私たちが購入する食品には何kcalと、カロリーの表示がついています。カロリーとはエネルギーを表す単位の一つですから、このような表示は、その食品を食べることで、最終的にどれくらいのエネルギーが得られるかということを意味しています。どうして私たちが生きるためにエネルギーが必要なのでしょうか？　ガソリンで動く自動車を例にとって考えてみましょう。自動車は、燃料（エネルギー源）を燃やすことで、走るための力（エネルギー）を生み出して

います。しかし、いつまでも走り続けることはできません。走って
いる内に燃料が無くなり、エネルギーを取り出せなくなるからです。
私たちの体にも同じようなことが当てはまります。体の中では、生
体反応といわれるさまざまな反応が起こっています。筋肉を動かす
ためにも、脳の中で神経を使って情報を伝達させるためにも、生体
反応が必要です。実は、こういった反応の多くは酸化還元反応に代
表される化学反応がもとになっており、その一つ一つがエネルギー
を必要とします。つまり、私たちは生きているだけで、エネルギー
を消費し続けているのです。そのため、外部からエネルギー（源）を
取りこむ必要があるのです。

生体内で起こる酸化還元反応とエネルギーの関係

　体の中の反応で、どのようなときにエネルギーが使われているか
を紹介したいと思います。その前にまず、1章で触れた酸化／還元
の復習をしましょう。いろいろな定義がありますが、ここでは改め
て、生化学で考えるうえで最低限の定義を確認します。

酸化とは：電子を失う反応／水素を失う反応
還元とは：電子を得る反応／水素を得る反応

となります。まとめると、電子のやり取りや水素のやり取りがある
化学反応のことを、酸化還元反応といいます。

　これをもとに、生体内での反応をいろいろ見てみましょう。図
5-2-1のように、アルコールが肝臓で分解されてアセトアルデヒド
になる反応は、電子を失う反応、つまり酸化反応です。反対に、酸
素と水素が結合して水になる反応、これは還元反応です。

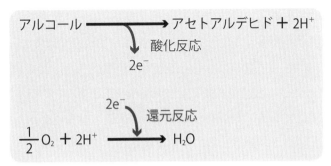

図5-2-1 アルコールが肝臓で分解されてアセトアルデヒドになる反応

　このように体の中では多くの酸化還元反応が起きています。そしてその多くは細胞の中で起きていることを覚えておいてください。

自由エネルギー

化学反応が起きるときには、必ずエネルギーの変化が生まれます。

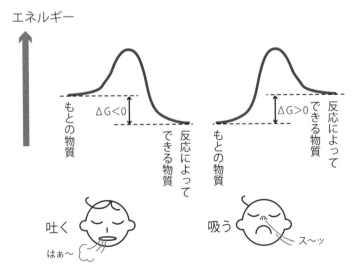

図5-2-2 化学反応におけるエネルギー変化のパターン

　化学反応におけるエネルギー変化には図5-2-2に描いたような二つのパターンがあります。

　図にしめした左側のパターンは、もとの物質よりも、できあがった物質の方がエネルギー状態が低いものです。これは、もとの物質が持っていたエネルギーを吐き出すイメージです。

　図にしめした右側のパターンは、できあがった物質の方がエネルギー状態が高くなるものです。もとの物質が持っていたエネルギーだけでは足りず、エネルギーを外から吸わないと反応が進みません。左の反応で吐き出されたエネルギーを右の反応に用いることもありますが、それだけではエネルギーが足りない場合には、外から補う必要があります。そこで利用されるのが、食べ物などから得られたエネルギーというわけです。

　さきほど説明した酸化還元反応も化学反応の一つです。酸化還元反応は、この2パターン、どちらの反応も起こりえます。ただし、代謝における反応には右側の反応パターンも多く含まれます。ということは、食べ物から得られたエネルギーが無いと細胞の中はエネルギー不足になってしまいますね。つまり、細胞が正常に機能するためには、エネルギーが必要なのです。

まとめ

- **生きるためにはさまざまな酸化還元反応を起こす必要がある。**
- **酸化還元反応を起こすためにはエネルギーが必要。**

エネルギーの基本

🧪 これだけ！ 🔬

生物は、ATPという分子が分解されたときの結合エネルギー を用いています。

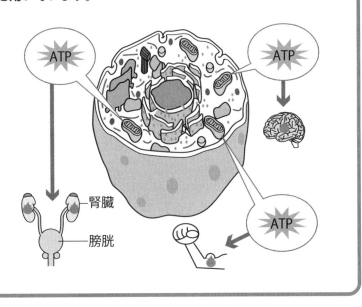

腎臓

膀胱

🔶 生物が使うエネルギーのかたち

　生物は、生きるうえで必要なエネルギーを分子に預けています。 エネルギーを運ぶ分子をどの細胞でもつくり出せるようにすること で、体の中のすべての細胞でエネルギーを使うことができるのです。

　生体内でエネルギー源として利用される分子の一つがATP（アデ

ノシン三リン酸)という物質です。この物質は、買い物をするとき
に使うお金のように、さまざまな生物のいろいろな細胞の中で同じ
ように使われていることから、「生体のエネルギー通貨」とも呼ばれ
ています。腕の筋肉を動かすときも、食べすぎた物質を排泄すると
きも、体中のあらゆる細胞がこのATPからエネルギーを得ているの
です。

🔹 ATPはどこからやってくる？

　さて、体の中で重要な役目を果たしているATPですが、いったい
どこからやってくるのでしょうか？　実のところATPは、私たちの
細胞一つ一つの中でつくられています。その代表的な過程の一つが
「電子伝達系」と呼ばれています。

　電子伝達系は、物質代謝によって得られた物質を利用して、ATP
を大量に合成する経路です。この反応は、細胞に含まれるミトコン
ドリアの中で行われます。簡単にその流れを紹介しましょう。ま
ず、ミトコンドリアの中では、三大栄養素の代謝によってできたア
セチルCoAという物質を出発点として、NADHやFADH$_2$という物質
がつくられます(この一連の代謝過程をクエン酸回路といい、6章
で紹介します)。電子伝達系では、クエン酸回路によってつくられ
たNADHやFADH$_2$を動力としてATPが次々と合成されていきます。

　ここから先は、ATPが具体的にどのような物質であり、体の中で
どのようにしてつくられているのかについて紹介したいと思います。

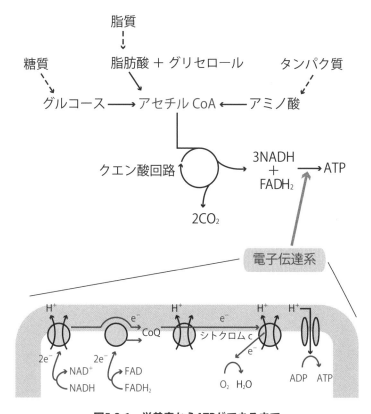

図5-3-1 栄養素からATPができるまで

- 生物は ATP が分解されることで放出されるエネルギーを使っている。
- 多くの ATP は電子伝達系という反応過程でつくられる。

ATP

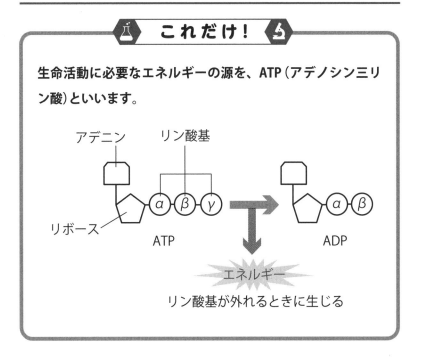

これだけ！

生命活動に必要なエネルギーの源を、ATP（アデノシン三リン酸）といいます。

アデニン　　　リン酸基

リボース

ATP　　　　　　　　　　　ADP

エネルギー

リン酸基が外れるときに生じる

エネルギーの源：ATP

　ヒトが生きていくためには、エネルギーが必要です。歩くにも、呼吸をするにも、食べた物を消化するにも、さらには細胞の中で化学反応を起こすことも、エネルギーがないとできません。

電池式のオモチャは、電池（エネルギー）がないと動きません、私たちの体内で、電池と同じような役割をしているのが、**ATP（アデノシン三リン酸）** と呼ばれる物質です。

ATPは、「これだけ！」の図のように、アデニンとリボース、リボースに近い側からα、β、γと呼ばれる三つのリン酸基からなる物質です。この物質のどこにエネルギーが蓄えられているのでしょうか？　その秘密は、リン酸基とリン酸基との間の結合にあります。ATPには、$\gamma - \beta$間、および$\beta - \alpha$間というように、二つのリン酸基同士の結合があります。この結合は**高エネルギーリン酸結合**とも呼ばれ、結合が切れるときに大きなエネルギーが放出されることが知られています。生物は、そのエネルギーをさまざまな生命活動に使っているのです。

ATPの利用と再生

私たちの体の中では、常にATPの消費と生産が行われています。通常は、じゅうぶんな量のATPが細胞内に存在していますが、ATPの生産がストップしてしまうと、あっという間にATPがなくなってしまい、最悪の場合死に至ります。なぜなら、ATPがなくなれば、生命活動に必要なエネルギーを取り出すことができなくなり、細胞がその機能を発揮できなくなるからです。

息ができないと死んでしまうのは、ATPをつくるのに必要な酸素を取りこむことができず、ATPを生み出せなくなるからでもあるのです。逆にいえば、生命活動が維持されている間は、絶え間なくATPが生み出され続けていることになります。

　それでは、生きていくのにとても重要なATPが体の中でどのよう
にして生み出されているのでしょうか？　次節以降で、その仕組み
について説明したいと思います。

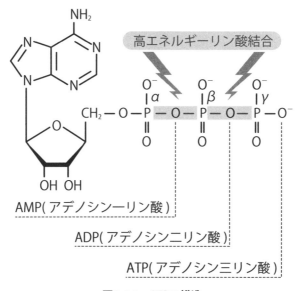

図5-4-1　ATPの構造

- **ATP は、生物が生きていくために必要なエネル
  ギーの源。**
- **私たちの体の中では、常に新しい ATP が生み出
  されては、消費されている。**

ATPの生産工場

これだけ！

エネルギー源であるATPは、動物では細胞内のミトコンドリアで、植物では、ミトコンドリアと葉緑体でつくられます。

動物の細胞
ミトコンドリア：内呼吸→ATP生産

植物の細胞
葉緑体：光合成 → ATP生産

 呼吸

　日常生活のなかで「呼吸」というと、口や鼻から空気を吸いこんで吐き出すことを表すため、体の中に酸素を取り入れ、二酸化炭素を放出する過程を思い浮かべる方が多いと思います。生物学の用語では、このガス交換のことを**外呼吸**と呼んでいます。この外呼吸により体に取りこまれた酸素はさまざまな役割を果たし、「細胞内での

エネルギー生産」などに使用されます。

　動物の体をつくっている細胞（動物細胞）の場合、細胞の中にある
ミトコンドリアが、エネルギー（ATP）の「大量生産工場」の役割を果
たしています。どのくらい大量のATPをつくっているかというと、
一般成人男性では、一日に自らの体重とほぼ同じ重量のATPを合成
しているという試算もあるほどです。

　食事などから得られた有機物（糖質や脂質）と、外呼吸で取りこん
だ酸素を使って、細胞内でエネルギーを生み出す一連の化学反応の
ことを**内呼吸（細胞呼吸）**と呼びます（図5-5-1）。

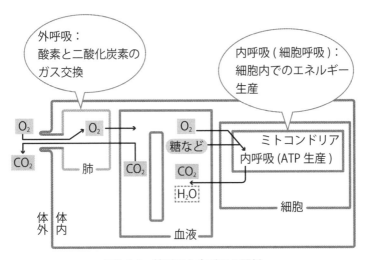

図5-5-1　外呼吸と内呼吸の関係

まとめ
- **動物も植物も、主要な ATP 生産は、ミトコンドリアで行われる。**
- **植物の場合、葉緑体で行われる光合成でも ATP がつくられる。**

ミトコンドリアの構造

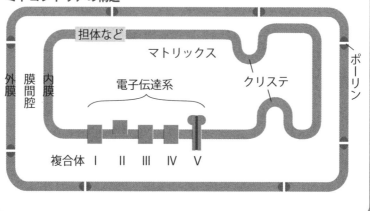

ミトコンドリアには、外膜と内膜という二つの膜があります。
エネルギー源であるATPは、内膜にあるタンパク質を使って
つくられます。

ミトコンドリアの構造

担体など
マトリックス
クリステ
外膜 膜間腔 内膜
電子伝達系
ポーリン
複合体 Ⅰ Ⅱ Ⅲ Ⅳ Ⅴ

 ミトコンドリアの構造

　ミトコンドリアは、**外膜**と**内膜**という二つの膜からなる細胞内小
器官です。ミトコンドリアの大きさは直径が0.5 μm程度と細菌と
同じくらいであり、球状や円筒状など多様な形状をしめします。内
部は二つの空間に分かれており、内膜に囲まれた内部をマトリック
ス、内膜と外膜に挟まれた場所を膜間腔と呼びます。

　外膜と内膜とでは、物質の通りやすさ（透過性）にちがいがあり、このことがミトコンドリアの中に入る物質を制限しています。外膜では、ポーリンという「ふるい」の役割を担当するタンパク質が孔をつくっているため、分子量が10 kDa以下の物質が自由に出入りすることになります（分子量については1-6参照）。一方、内膜の透過性は非常に低く、水やアンモニア以外の小分子は、膜透過を手助けするタンパク質などの協力がなければ、内膜を透過することができません。

　ミトコンドリアが「ATPの大量生産工場」としての役目を担っていることは、前節で紹介しました。工場という言葉を聞いてピンとくるかもしれませんが、ATPはミトコンドリアの中で自然にできるわけではなく、いくつかの工程を経てつくられています。そのときにはたらくのがタンパク質です。**ATPの合成を担う一連のタンパク質群は、ミトコンドリアの内膜に存在し、電子伝達系という反応系を構築**しています。

　電子伝達系ではどのようにしてATPを合成しているのでしょうか？その仕組みについてこれから紹介したいと思います。

- **ATP はミトコンドリアの内膜にあるタンパク質によってつくられる。**
- **その一連の過程を電子伝達系という。**

電子伝達系

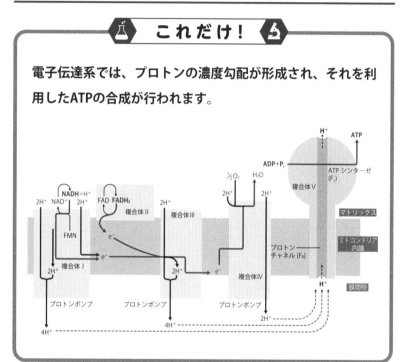

電子伝達系では、プロトンの濃度勾配が形成され、それを利用したATPの合成が行われます。

電子伝達系とは

電子伝達系は、主に五つの部品(複合体Ⅰ〜Ⅴ)から構成されており、その反応は二つに分けられます。**一つ目の反応は、プロトン(H^+)の濃度勾配を形成する反応であり、電子伝達を担う複合体Ⅰ〜Ⅳが担当**します。**二つ目の反応は、ATPを合成する反応であり、ATP合成酵素もしくはF_0/F_1とも呼ばれる複合体Ⅴが担当**しています。一つ

目の反応でつくられたプロトンの濃度差を利用して、二つ目のATP
合成反応が進むというように、両者は密接に関係しています。

プロトン勾配ができるまで：複合体Ⅰ～Ⅳのはたらき

「これだけ！」の図のように、複合体Ⅰ～Ⅳが関連する反応では、
ミトコンドリアの内部（マトリックス）から膜間腔に向けたプロト
ンの流れと、複合体ⅠからⅣに向けた電子の流れが生み出されま
す。プロトンがミトコンドリア内から膜間腔に運ばれる（くみ出さ
れる）ことで、濃度差が生まれるという仕組みです。プロトン輸送
の原動力となるのがNADHあるいはFADH$_2$という物質であり、一つ
のNADHから合計10個の、一つのFADH$_2$から合計６個のプロトンが
くみ出されます。なお、NADHやFADH$_2$は、クエン酸回路（6-5参照）
によってつくられる物質であり、そのおおもとは私たちが口にする
栄養素です。つまり、電子伝達系は食べ物をエネルギー源に変換す
る最後の代謝過程ともいえます。

　一方、電子の流れに着目すると、複合体Ⅳに渡った電子が酸素に
与えられ、最終的に水が生じることがわかります。逆にいえば、じゅ
うぶんな量の酸素が無ければ、この反応はうまく進まないというこ
とです。この酸素は、息をすることで空気中から体の中に取りこま
れたものです。私たちが生活するうえで酸素がいかに大事なもので
あるか、ミクロな視点からもわかりますね。

ATP合成の過程：複合体Ⅴのはたらき

　さて、いよいよATPが合成される段階の説明となりました。ATP
の原料となるのはADPという物質であり、ADPに無機リン酸Piが結

合することでATPとなります。ATPやADPの、Aはアデノシン（塩基の名前）、Pはリン酸の頭文字であり、Tは「トリ」で数字の3を、Dは「ジ」で数字の2を意味しています。二つのリン酸基を持つADPに対してリン酸が結合することで、三つのリン酸基を持つATPができるというわけです。この反応を**「酸化的リン酸化」**と呼ぶこともあります。

ATPの合成反応は、キノコのような形をした複合体Vによって行なわれます。複合体Vは、内膜に埋めこまれているF$_0$部分とマトリックスに突き出ているF$_1$部分とから構成されるATP合成酵素です。F$_0$に含まれる通り道をプロトンが流れることで、ATP合成に必要な分子モーターが回転し、F$_1$でのATP合成が進むと考えられています。

　1分子のATPを生み出すためには、全部で四つのプロトンが必要です。たとえば、一つのNADHからは合計10個のプロトンがくみ出されるため、2.5個分のATPがつくられることになります。同様に、一つのFADH$_2$からは、6個のプロトンがくみ出され、1.5個分のATPがつくられることになります。

- 電子伝達系では、プロトン（H$^+$）の濃度勾配を利用して ATP を合成する。
- プロトン（H$^+$）の濃度勾配形成には、NADH や FADH$_2$ が利用される。
- ADP に無機リン酸 Pi が結合することで ATP ができる。

第 **6** 章

物質代謝
（糖代謝・脂質代謝）

生体内における物質の変化は代謝と呼ばれま
す。本章では、「糖質」と「脂質」に注目し、
これらの物質のやり取りやエネルギーに変わ
る過程を紹介します。

物質代謝って
なに？

🧪 **これだけ！** 🔬

物質代謝とは、エネルギーを取り出すために物質を分解(異化)したり、エネルギーを使って物質を合成(同化)したりすることです。

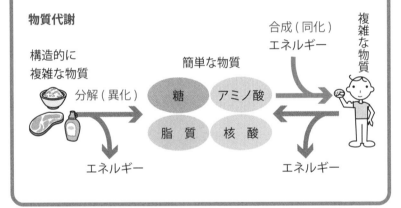

物質代謝

構造的に
複雑な物質

分解(異化)

簡単な物質

糖　アミノ酸

脂質　核酸

エネルギー

合成(同化)
エネルギー

複雑な物質

エネルギー

🔷 生命活動を営むためには？

　生物は食べ物を食べることによって、生きていくために必要な栄養を摂っています。食事の中の栄養には米などに含まれる炭水化物(**糖など**)や肉などに含まれるタンパク質(**アミノ酸**)、また油などの**脂質**、そして**核酸**が含まれています。私たちヒトを含むすべての生物は、生きるために必要となるエネルギーを生み出したり、体をつくったりするために、食事によって得た物質や体内の物質を代謝(**物**

質代謝）しています。**物質代謝とは、体の中の物質を分解（異化）したり合成（同化）したりすること**で、体内で起きる物質の化学変化の過程を総称する言葉です。物質代謝によって「物質のかたち」は次々と変わっていきます。

🔶 物質代謝をもっと詳しく

　私たち生物の物質代謝には手順が存在しています。まず、食事をすることから始まります。私たちは、生きていくために必要なさまざまな栄養、つまり構造的に複雑な物質を食事によって体の中に取りこみます。次に、それら（複雑な物質）を**分解（異化）**して簡単な物質にすることによってエネルギーを生み出します。このエネルギーによって体温を維持したり、運動したりすることができるようになります。最後に、私たちの体を構成する筋肉や脂肪の材料になる複雑な物質は、簡単な物質とエネルギーから**合成（同化）**することによってつくられているのです。

　これまでのことを具体的に説明すると、たとえば、私たちがランニングなどの強めの運動などをして体の中のエネルギーが不足してきたときにも物質が代謝されます。体内の複雑な物質が**分解（異化）**されることによってエネルギーがつくり出され、足りないエネルギー分が補われているのです。また、生物は生きていくために必要な物質などを代謝によって合成しています。これを生合成といいます。それだけでなく、生物は、自分自身にとって有害となる物質を分解し、健康を維持しています。物質代謝は、このような解毒の役割も担っているのです。生物は必要に応じて物質の合成と分解を行うことで生命活動を営んでいます。

さまざまな物質の代謝

　6章と7章では、さまざまな物質代謝のなかでも、私たちの生命活動に重要な**①糖代謝**、**②脂質代謝**、**③アミノ酸代謝**、**④核酸代謝**について紹介します。①糖代謝では、糖を代謝してどのようにエネルギー（ATP）が生み出されるのか、その仕組みについて解説します。②脂質代謝では、エネルギー源である脂質がどのように合成されて貯蔵されるか、またどのように分解されてエネルギーとして用いられるかについて解説します。③アミノ酸代謝では、アミノ酸が分解されてどのように利用されるか、またアミノ酸から合成される物質について解説します。④核酸代謝では、DNAやRNAの素材であるヌクレオチドがどのように合成されるか、また余分なヌクレオチドがどのように分解されるかについて解説します。

- 物質代謝は物質の分解（異化）と合成（同化）からなる。
- 異化：複雑な物質を分解してエネルギーを取り出すこと。
- 同化：簡単な物質とエネルギーから複雑な物質を合成すること。

糖代謝

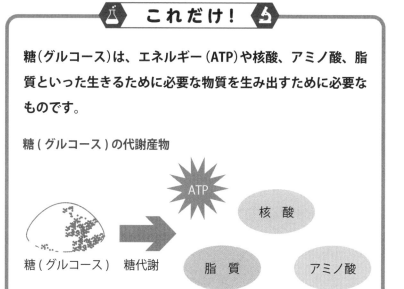

これだけ！

糖（グルコース）は、エネルギー（ATP）や核酸、アミノ酸、脂質といった生きるために必要な物質を生み出すために必要なものです。

糖（グルコース）の代謝産物

糖の役割

　私たちが口にする食べ物の内、世界3大主食と呼ばれるものには米、コムギ、トウモロコシがあり、いわゆる炭水化物が豊富に含まれています。私たちは、その主要成分である糖を分解することでATP生産のためのエネルギーを引き出しています。糖は、エネルギー源となるだけでなく、細胞や組織の材料となる「糖鎖」の構成成分となったり、核酸やアミノ酸、脂質の合成素材となったりします。糖

が代謝される一連の過程を「**糖代謝**」と呼びます。本節以降では、糖代謝経路の中心的な経路である解糖系とクエン酸回路に注目して、もっとも代表的な糖の一つであるグルコースが、体の中でどのように利用されていくかをご紹介します。

糖の代謝経路

　図6-2-1には、糖代謝の主な代謝経路をしめしました。血液によって肝臓や全身の細胞に運ばれたグルコースは、**解糖系**を出発点として、ピルビン酸〜アセチルCoAを経て**クエン酸回路**に導入されます。クエン酸回路は、①代謝物とアミノ酸の相互変換、②代謝物から脂質を合成することを可能とする経路でもあり、糖からアミノ酸や脂質を合成するうえで重要な役割を果たします。この一連の過程でつくられる代謝物を利用して、細胞の中でATPがつくられます。また、糖の一部は**ペントースリン酸経路**に導入され、核酸の合成素材であるリボース-5-リン酸や脂肪酸の合成に必要となる補酵素としてはたらくNADPHの原料となります。

　一方、グルコースは糖以外の物質からつくられることもあります。このときに活躍する経路が**糖新生**であり、解糖系をほぼ逆行するという特徴があります。グルコースが余った場合などは、グリコーゲン（グルコースの重合体）として貯蔵され、必要に応じてグルコースに分解されて利用されます。

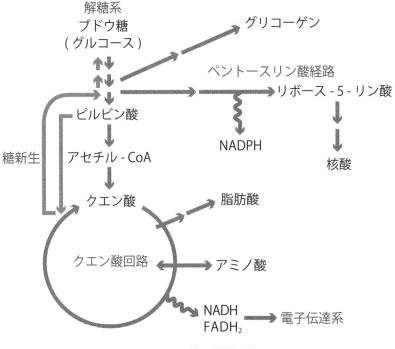

図6-2-1　糖の代謝経路

- 糖（グルコース）の代謝によって、最終的に ATP が合成される。
- グルコースの主な代謝経路には解糖系とクエン酸回路がある。
- グルコースから核酸・アミノ酸・脂質の合成に必要となる素材がつくられる。

3 解糖系

 これだけ！

解糖系はほとんどすべての生物が持つ代謝経路であり、1分子のグルコースからピルビン酸、ATP、NADHがそれぞれ2分子ずつできます。

解糖系によるグルコースの代謝

$$
\text{グルコース} \xrightarrow{\text{解糖系}} \text{2 ピルビン酸} + 2ATP + 2NADH
$$

解糖系ってなに？

解糖系は、グルコースに代表される糖から生物が生きるために必要な**エネルギーを生産**するための重要な役割を担っています。ほとんどすべての生物が解糖系を持っていることから、解糖系はもっとも古い代謝経路といわれており、**細胞質ですべての反応が進みます。**解糖系が進むことで、**グルコースからピルビン酸、ATP、NADHがつくられます。**

解糖系におけるエネルギー（ATP）生産

解糖系には、全部で10の過程があり、1分子のグルコースがいくつかの中間産物を経て2分子のピルビン酸になります。この過程

の内❶、❸番目ではATPを 1 分子ずつ消費し、❼、❿番目の過程で
はそれぞれ 2 分子のATPが生み出されて合計 4 分子のATPが得られ
ます。つまり、 1 分子のグルコースが 2 分子のピルビン酸になるま
でに差し引き **2 分子のATPが生み出される**ことになります。また、
❻番目の過程では、 2 分子のNADHが生み出されます。これが電子
伝達系に入ることにより、さらに多くのATPが生み出されます。

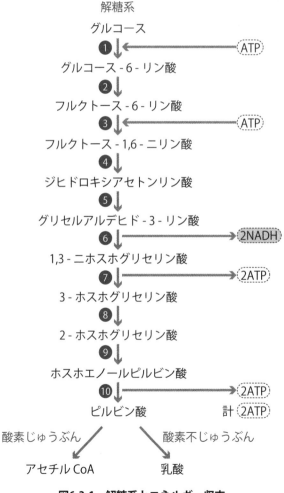

図6-3-1　解糖系とエネルギー収支

ピルビン酸とは

ピルビン酸は、解糖系以外の代謝でも重要な役割を果たします。

たとえば、酸素が細胞内にじゅうぶんにある場合、ピルビン酸はアセチルCoAを介してクエン酸回路（次節参照）に入り、ミトコンドリア膜内の呼吸鎖でのさらなるATP生産に必要となる物質を生産します。

一方、激しい運動によって酸素がじゅうぶんに供給されない場合などでは、解糖系の❻番目の過程によって呼吸鎖で必要となるNAD^+を生み出し、解糖系を動かすためにピルビン酸は**乳酸**に代謝されます。解糖系でつくられるATPはわずかですが、その生産速度は呼吸鎖の100倍ほどに達するため、酸素が足りないときは解糖系が重要な役割を果たします。

このようにピルビン酸はさまざまな物質へと代謝されるため、代謝経路のネットワークの鍵となる重要な役割を担っています。

- 解糖系では、1分子のグルコース→2分子のピルビン酸＋2 ATP＋2 NADH
- 解糖系で酸素がじゅうぶん：グルコース→ピルビン酸→アセチル CoA →クエン酸回路～呼吸鎖へ
- 解糖系で酸素が足りない：グルコース→ピルビン酸→乳酸＋NAD^+（解糖系の動力の一つ）

解糖系の調節機構

これだけ！

解糖系を調節する主な酵素はホスホフルクトキナーゼで、細胞内のエネルギー量によって解糖系は調節されています。

エネルギーによるホスホフルクトキナーゼの制御

エネルギー (ATP) が 減少 ↓ すると…	エネルギー (ATP) が 増加 ↑ すると…
ホスホフルクトキナーゼ	ホスホフルクトキナーゼ
↓ 活性促進 ↓ 解糖系活性 Up	↓ 活性抑制 ↓ 解糖系活性 Down

解糖系の可逆反応と不可逆反応

　酵素反応には、どちらの方向にも進むことができる**可逆的な反応**と、一方通行になっている**不可逆的な反応**がありましたね（4-2参照）。解糖系の場合、図6-4-1にしめしたように、過程❶、❸、❿が不可逆的な反応で、それ以外が可逆的な反応であることが知られています。

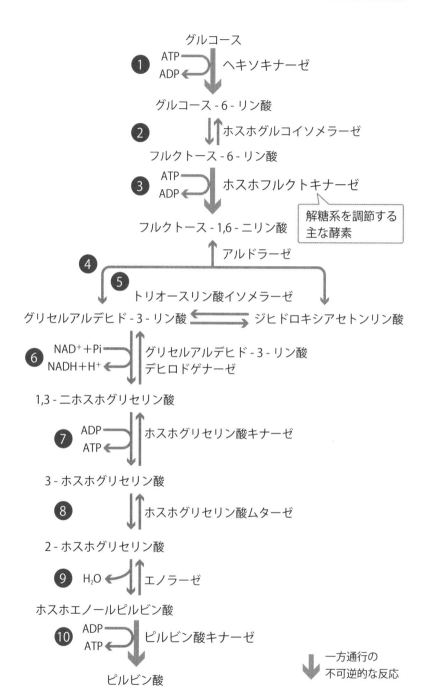

図6-4-1 解糖系における可逆反応と不可逆反応

　可逆反応を担うすべての酵素はじゅうぶんに反応を進められますが、不可逆反応を担う酵素はじゅうぶんな酵素活性を保てなくなる状況が存在します。そのため、不可逆反応である❶、❸、❿の過程が、解糖系の反応速度を決める（制御する）カギ（**律速反応**）となり得ます。複雑な代謝経路の中で、どこが律速反応であるかを知ることは、その経路の調節の仕組みを知ることにつながるため、とても重要なのです。

ホスホフルクトキナーゼによる解糖系の調節

　解糖系を調節する酵素には、不可逆反応を触媒する**ヘキソキナーゼ**（過程❶）、**ホスホフルクトキナーゼ**（過程❸）、**ピルビン酸キナーゼ**（過程❿）の3種類が考えられます。この内解糖系の調節において中心的な役割を担う酵素は**ホスホフルクトキナーゼ**です。この酵素の活性は、体内の**エネルギー量に応じて変化**します。具体的には、細胞内のエネルギー（ATP）が減少するとホスホフルクトキナーゼの活性が促進されます。逆に、細胞内のエネルギー（ATP）が増加するとホスホフルクトキナーゼの活性が抑制されます。このことは、細胞内でATPの量が上昇すると解糖系が抑えられ、ATPの量が減少すると解糖系が活性化されることを意味します。つまり、細胞内のエネルギーの過不足に応じて解糖系の化学反応が調節されることになります。

まとめ
● 解糖系の調節酵素はホスホフルクトキナーゼ。
● ホスホフルクトキナーゼはエネルギー量を感知し、ATP レベルが高いときは解糖系を抑制し、ATP レベルが低いときは解糖系を活性化する。

5 クエン酸回路

これだけ！

クエン酸回路は、アセチルCoAを使ってエネルギーを生み出す代謝経路です。

クエン酸回路を利用した ATP 合成

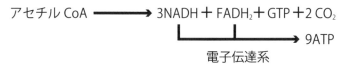

クエン酸回路とは？

　クエン酸回路は体内の糖や脂質、アミノ酸などからつくられた**アセチルCoAを使ってエネルギーを生み出す代謝経路**です。クエン酸回路は、TCAサイクルやクレブス回路、トリカルボン酸回路といった別名でも呼ばれることがあります。解糖系で生じたアセチルCoAがクエン酸回路で代謝される経路を、図6-5-1にしめしました。

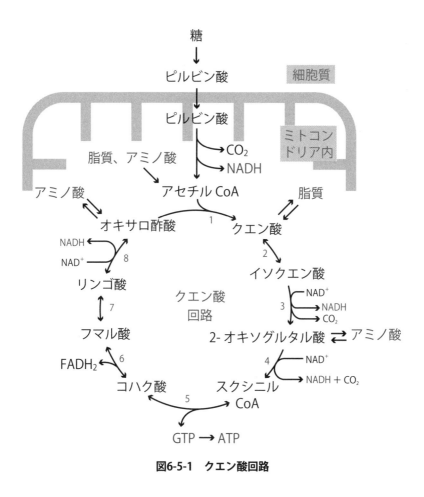

図6-5-1　クエン酸回路

　この一連の反応は**ミトコンドリア内**で行われます。クエン酸回路に入ったアセチルCoAは、全部で8つの過程により代謝されます。まず、アセチルCoAとオキサロ酢酸からクエン酸が生じます。クエン酸は各中間代謝物を経て、オキサロ酢酸に戻ることで回路が一巡します。このオキサロ酢酸と新たなアセチルCoAから再びクエン酸が生み出されます。

　クエン酸回路では、二酸化炭素やGTP（リン酸化によりATPとなる）に加え、NADHやFADH$_2$が生み出されます。NADHやFADH$_2$は電子伝達系でのATP生産に使用されます。真核生物の場合、ミトコンドリアの中に存在するクエン酸回路と電子伝達系が協調することでATPが効率よく生み出されます。また、クエン酸回路の途中で生じる中間代謝物は、各種アミノ酸との相互変換や脂質の合成にも使用されます。このように、クエン酸回路はさまざまな代謝経路をつなぐ役割を持つため、**代謝の中枢**ともいわれています。

まとめ

- **クエン酸回路はアセチル CoA からエネルギーを生み出す回路。**
- **クエン酸回路は中間代謝物からアミノ酸や脂質を合成できる。**

クエン酸回路の調節機構

これだけ！

クエン酸回路は、エネルギー（ATP）を生産する重要な代謝経路で、細胞内のエネルギー量によって調節されています。

クエン酸回路の調節

運動量の増加　→　細胞内エネルギーの減少　→　クエン酸回路の活性化

 ### クエン酸回路の調節機構とは？

クエン酸回路では、次の各反応が不可逆反応です（図6-6-1）。

・ピルビン酸からアセチルCoAを生み出すピルビン酸デヒドロゲナーゼとクエン酸シンターゼ（過程1）

・イソクエン酸デヒドロゲナーゼ（過程3）

・2-オキソグルタル酸デヒドロゲナーゼ（過程4）

　これらの酵素活性は**細胞内のエネルギー量によって厳密に調節**されるため、クエン酸回路はエネルギー量に応じた調節を受けることになります。具体的には、細胞内のエネルギーが増加すると、これら4種類の酵素活性は抑制されます。一方、細胞内のエネルギー

（ATP）が減少してADPが増加するとイソクエン酸デヒドロゲナーゼの活性は増加します。つまり、細胞内のエネルギー（ATP）がじゅうぶんにあるとクエン酸回路の反応が抑制され、エネルギーが足りなくなるとクエン酸回路の反応が促進されます。私たちのような生物は常にエネルギーを必要とするため、クエン酸回路と電子伝達系が連動することで、エネルギー（ATP）を生み出し続けています。

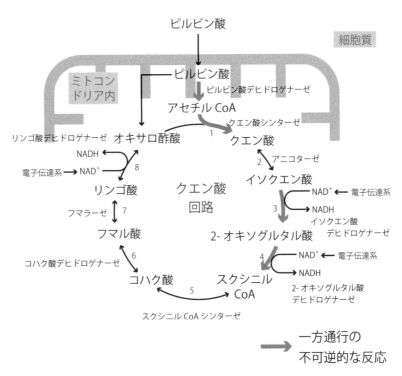

図6-6-1　クエン酸回路における可逆反応と不可逆反応

運動とクエン酸回路

　激しい運動を行うと、ハアハアと息が苦しくなって、息継ぎの頻度が増えますよね。これは、運動に必要となる大量のエネルギーを生み出すために、体が多くの酸素を取り入れようとするからです。血液を通して細胞内に取りこまれた酸素が、電子伝達系でのATP生産に必要であることは5章で紹介しました。実は、クエン酸回路がじゅうぶんに機能するためには、酸素の存在が重要となります。クエン酸回路が適切にはたらくには、反応を進める役目を持ったNAD^+が必要です。このNAD^+は、電子伝達系において酸素を用いることで生じるため、酸素が少ないときにはじゅうぶんに供給されません。クエン酸回路と電子伝達系は連動しており、両者はともに、酸素がじゅうぶんに存在する好気条件下において、その力を発揮することができるのです。

> **まとめ**
> - クエン酸回路は細胞内エネルギー量によって調節される。
> - クエン酸回路は電子伝達系と連動しており、好気条件下でよく機能する。

エネルギー生成

これだけ！

1分子のグルコースから、解糖系とクエン酸回路を経て32分子のATPができます。

グルコース1分子からのATP合成量

$$1\,グルコース \xrightarrow{\text{糖代謝}} 32ATP$$

 グルコースからATPへ

　糖代謝は、主にグルコースからエネルギー（ATP）を合成する役割を担っています。ここでは、1分子のグルコースが完全に代謝されることで、何分子のATPが生み出されるのかを考えてみましょう。

①細胞内の**グルコース1分子は、解糖系により2分子のピルビン酸、2分子のATPと2分子のNADH**を生み出します。

②次に、**2分子のピルビン酸が2分子のアセチルCoAに代謝される過程で2分子のNADH**ができます。

③そして、**2分子のアセチルCoAはクエン酸回路によって6分子のNADH、2分子のFADH$_2$と2分子のGTP（ATPに変換される）**を生み出します。

　解糖系とクエン酸回路を経ると、**一つのグルコースから四つの**

ATPに加えて、10のNADHと二つのFADH₂が生み出されます。

　NADHとFADH₂は電子伝達系において、それぞれ2.5分子と1.5分子のATPを生み出します。つまり、細胞内では図6-7-1のように**1分子のグルコースから最終的に32分子のATP**を生み出すことができます。なお、NADHとFADH₂が、それぞれ三つと二つのATPを生み出すと考え、1分子のグルコースから38分子のATPが生み出されるとも言われています。

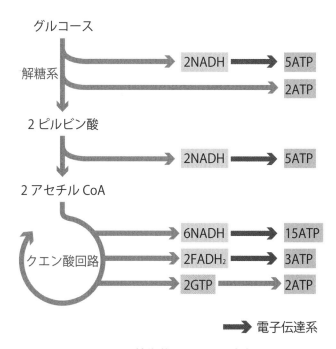

図6-7-1　糖代謝におけるATP生産

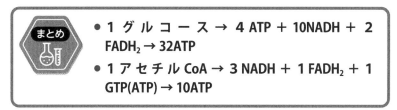

- **1 グ ル コ ー ス → 4 ATP + 10NADH + 2 FADH₂ → 32ATP**
- **1 ア セ チ ル CoA → 3 NADH + 1 FADH₂ + 1 GTP(ATP) → 10ATP**

糖新生

これだけ！

糖新生は、解糖系を逆行しながら、糖質以外の物質からグルコースを新しく生み出す経路です。

糖質以外からのグルコース生産

解糖系を逆行する反応

ピルビン酸
アミノ酸 ━━━━➤ オキサロ酢酸 ━━➤ グルコース

 ## 糖新生とは？

　糖新生とは、ピルビン酸やアミノ酸などの**糖以外の物質からグルコースを生産する代謝経路**で、主に肝臓で行われています。私たちの体の中では、血糖値が上がると肝臓で解糖系が促進され、低血糖状態になると解糖系が抑制されて糖新生が助長されるという特徴があります。つまり、糖新生は、血糖値の低下を防ぎ**血糖値を維持**するという重要な役割を果たしているのです。

　糖新生における代謝経路を見てみましょう（図6-8-1）。糖新生は、クエン酸回路の一部と解糖系の逆行によって行われる経路です。クエン酸回路や解糖系では、その一部に一方向にしか進まない反応（不

可逆反応）があって、本来ならその箇所は逆戻りができません。しかし、糖新生の経路として別の迂回路（図6-8-1 赤の矢印）が設けられています。

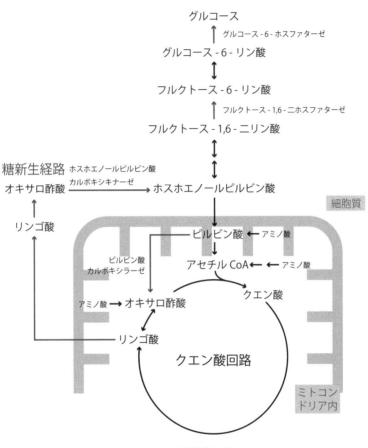

図6-8-1　糖新生経路

　一つ目の迂回路は、ピルビン酸がホスホエノールピルビン酸に代謝される経路です。この経路では、ピルビン酸はピルビン酸カルボキシラーゼによってオキサロ酢酸へ代謝されてリンゴ酸となり、リンゴ酸はミトコンドリア内から細胞質へ移行します。細胞質へ移行したリンゴ酸はオキサロ酢酸へ代謝され、ホスホエノールピルビン酸カルボキシキナーゼによってホスホエノールピルビン酸に代謝されます。

　二つ目の迂回路は、フルクトース-1,6-二リン酸がフルクトース-6-リン酸に代謝される経路です。この経路にはフルクトース-1,6-二ホスファターゼが利用されます。

　最後の迂回路はグルコース-6-リン酸がグルコースに代謝される経路です。この経路にはグルコース-6-ホスファターゼがはたらいています。糖新生では、さまざまな物質が必ず**オキサロ酢酸へと代謝されてから**グルコースとなります。ピルビン酸やアミノ酸などの物質はそれぞれの経路によってオキサロ酢酸へ代謝され、解糖系を逆行する形でグルコースへと代謝されます。

糖新生とダイエット

　食事制限によるダイエット（減量）がよく行われていますが、食事の摂り方によってはダイエットの成功は難しいかもしれません。ヒトの体では、まず血液中のグルコースがエネルギー源として使用されます。グルコースが枯渇すると、肝臓中に蓄えられたグリコーゲンがエネルギー源に使われます。この肝臓中に蓄えられていたグリコーゲンもなくなると、糖新生によってアミノ酸がエネルギー源として使われ始めます。**糖新生で使われるアミノ酸は主に筋肉**を分解して得られます。そのため、絶食などの無理なダイエットを行うと筋肉が減少し、新陳代謝が減少してしまいます。そのため適度な食事と運動を組み合わせることが重要といえます。

- 糖新生は糖質以外の物質からグルコースをつくる代謝経路。
- 糖新生により血糖値を維持。

6-9 ペントースリン酸経路

これだけ！

ペントースリン酸経路は解糖系の分枝経路で、脂肪酸の合成に必要なNADPHや、核酸の合成素材であるリボース-5-リン酸を生み出します。

ペントースリン酸経路による生成物

ペントースリン酸経路

$$\text{グルコース-6-リン酸} \longrightarrow 2NADPH + CO_2 + \text{リボース-5-リン酸}$$

 ペントースリン酸経路とは？

ペントースリン酸経路は、核酸や脂肪酸の合成に必要な材料を生産する代謝経路です。

図6-9-1にペントースリン酸経路をしめしました。この代謝経路は解糖系から分枝した経路で、解糖系と同じく細胞質に存在しています。ペントースリン酸経路は、脂質をたくさん合成する組織として知られる肝臓や脂肪組織、乳腺、副腎皮質などの細胞でよくはたらいており、肝臓ではグルコース代謝の約30%を担っています。

　この経路では**1分子のグルコース-6-リン酸から2分子のNADPH
と1分子のCO_2、また必要に応じてリボース-5-リン酸が生み出され
ます。**

　NADPHは、脂肪酸やステロイドに代表される脂質を合成するた
めのエネルギーとして利用されます。一方、リボース-5-リン酸は
核酸を合成するための材料となります。

　ペントースリン酸経路の反応速度の調節は、グルコース-6-リン
酸デヒドロゲナーゼという酵素が担います。この酵素の活性は、代
謝産物であるNADPHが消費されて$NADP^+$（NADPHの酸化物）濃度が
増加すると活発にはたらき出します。このことは、食事を食べたと
きなどには脂質合成が盛んとなり、細胞の中でNADPHが必要にな
りペントースリン酸経路が活性化することを意味しています。

　このように、脂質や核酸の必要性に応じてペントースリン酸経路
は調節されているのです。

0

1

2

3

4

5

6

7

8

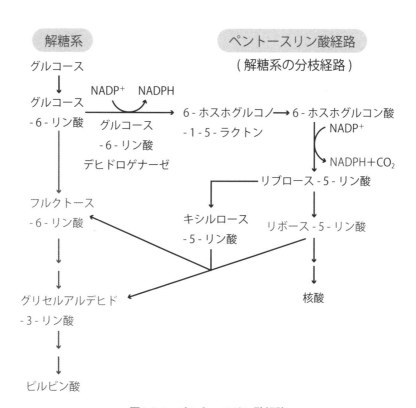

図6-9-1 ペントースリン酸経路

- ペントースリン酸経路は核酸と脂肪酸の合成に重要。
- 1分子のグルコース -6- リン酸 → 2 NADPH ＋ CO_2 ＋ 1分子のリボース -5- リン酸

脂質代謝

これだけ！

私たちの体には、脂質を適切な部位に運んだり、脂質として
貯蔵したエネルギーを必要に応じて取り出したりする仕組み
が備わっています。

脂質とエネルギー

エネルギー

脂質の運搬、貯蔵、代謝

　有酸素運動が脂肪の燃焼に効果的という話をよく耳にすると思い
ます。瞬間的な力を必要とするベンチプレスや短距離走と比べて、
ジョギングや水泳といった比較的弱い力が継続的に筋肉にかかり続
ける運動では、体内に蓄えられている体脂肪、すなわち脂質がエネ
ルギー源として利用されます。もちろん、脂質以外のエネルギー源

として、糖質なども利用されますが、脂質は1 g当たり約9 kcal、糖質は1 g当たり約4 kcalのエネルギーが得られるといわれているので、**脂質の方が単位重量当たりのエネルギー生産性がよい**ことが知られています。このように、生物にとって脂質はとても重要なエネルギー源の一つなのです。

　脂質と聞くと油っぽい・水と混ざりにくいという性質が想像されるのではないでしょうか？　実際、食べ物から摂取したり、体内で合成されたりした脂質は、水分に富む体の中を単独で動き回るのではなく、**リポタンパク質**という形になることで水に混ざることができるようになり、体の中の適切な部位に運ばれています。

　また、脂肪細胞などに蓄えられる**中性脂肪は、エネルギーを貯蔵する**役割を担っており、体の中でエネルギーが足りなくなると脂肪酸とグリセロールとに分解されます。**脂肪酸は、β酸化と呼ばれる代謝経路によって、アセチルCoAなどのエネルギー源へと変換**され、最終的にATPを生み出すことになります。一方、糖質をたくさん摂取したときなど、エネルギーが過剰になりそうなときには、アセチルCoAから脂肪酸がつくられ、中性脂肪が合成されます（**脂肪酸合成反応**）。

　このように、必要なとき、必要な部位において、じゅうぶんな量のエネルギーを得るために、脂質が活用されます。脂質の運搬や貯蔵、分解、生合成がどのようにして制御されているかを知ることを通じ、体の仕組みの複雑さ、精巧さを感じてもらえると幸いです。

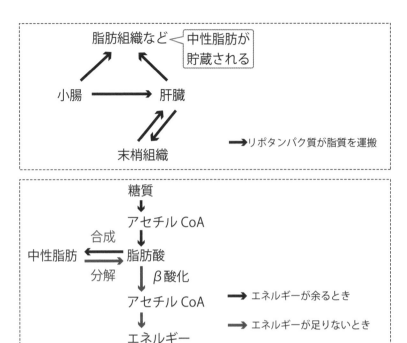

図6-10-1 脂質の運搬と貯蔵、代謝

- 脂質は、糖質と比較して単位重量当たりのエネルギー生産効率が高い。
- 脂質はリポタンパク質という形で体内を運搬される。
- 健常時、エネルギーが余るときは中性脂肪が合成され、足りないときは中性脂肪が分解される。

中性脂肪の貯蔵と運搬

これだけ！

中性脂肪はエネルギーの貯蔵源で、脂肪組織などに蓄えられます。多くの脂質は、リポタンパク質によって輸送されています。

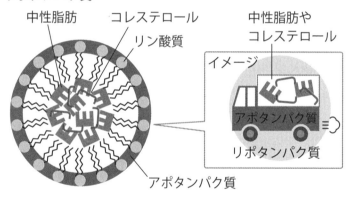

リポタンパク質

中性脂肪　コレステロール　リン酸質

中性脂肪や
コレステロール

イメージ

アポタンパク質

リポタンパク質

アポタンパク質

脂質の貯蔵とエネルギー

　ラクダのコブにはなにが入っているか知っていますか？　実は脂肪が蓄えられていて、エネルギーが必要なときに、この脂肪を分解してエネルギーを取り出しています。このおかげで、砂漠のような厳しい環境で、長いあいだ食べ物を食べなくてもラクダは生きていくことが

できます。ラクダ以外の動物も、もちろん脂質を貯蔵しています。私たちの日常生活では敬遠されがちな脂質ですが、生物にとって重要なエネルギー源であることは間違いありません。

　私たちは、食べ物として取りこんだ脂質に加え、体の中で余ったエネルギーを貯えるためにつくった脂質を脂肪組織などに貯蔵しています。代表的な脂質として、**中性脂肪（トリグリセリド）**を挙げることができます（3-3参照）。たくさん運動をしてエネルギーが大量に必要となった場合には、中性脂肪から脂肪酸がつくられ、その脂肪酸を分解することでエネルギーを取り出します。

🔷 リポタンパク質による脂質の運搬

　水と油は混ざりません。腸管から吸収されたり、肝臓で合成されたりした中性脂肪はどのようにして体の中を移動し、目的地に向かうのでしょうか？

　水分に富む体の中で、多くの脂質はアポタンパク質と結合した**リポタンパク質**という形で存在しています。リポタンパク質は、中性脂肪やコレステロールに代表される脂質を、あたかも積み荷を扱うトラックのように運搬する役目を担っています。リポタンパク質は体の中を巡り巡ることで、貯蔵用の倉庫（脂肪組織）や、必要とするお客さん（末梢の細胞）に積荷（脂質）を配送しているのです。

　リポタンパク質は密度によって異なる名前があり、その役割も少しずつ異なっています。たとえば、LDL（低密度リポタンパク質）は肝臓から肝臓以外（末梢）への、HDL（高密度リポタンパク質）は末梢から肝臓への脂質輸送を担当し、キロミクロンと呼ばれるリポタンパク質は、腸管で吸収した脂質を体内に運んでいます（図6-11-1）。

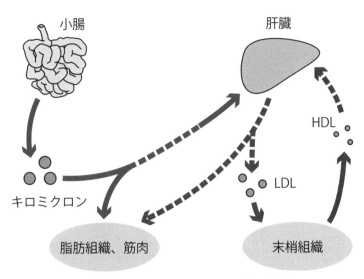

図6-11-1　リポタンパク質による脂質の輸送

- 脂肪組織に貯蔵された中性脂肪は、エネルギー不足時、エネルギーの供給源となる。
- 脂質の多くは、リポタンパク質によって運搬される。
- キロミクロン（腸管吸収）、LDL（肝臓→末梢）、HDL（末梢→肝臓）など、各リポタンパク質に応じた役割がある。

脂質代謝のバランス

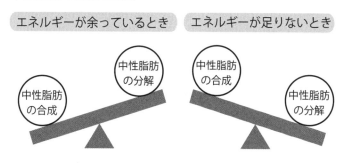

これだけ！

エネルギーが不足すると、中性脂肪が分解してできた脂肪酸が新たなエネルギー源となります。一方、エネルギーが余ると、新たに中性脂肪が合成され、貯蔵されます。

中性脂肪の合成と分解

エネルギーが余っているとき　　エネルギーが足りないとき

中性脂肪の分解

中性脂肪の合成

中性脂肪の合成

中性脂肪の分解

脂質代謝とバランス

　夏と冬では外気温が大きく異なるのに、私たちの体温はほとんど変わりません。不思議だと思いませんか？　これは体の中で起こる反応を調節することで、気温の影響を受けないようにうまくバランスを取っているのです。体温だけでなく、体の中にはバランスを保つための仕組みがたくさんあります。脂質の代謝も例外ではありません。空腹時など、エネルギー供給が不じゅうぶんな場合には、脂

肪組織に蓄えられていた**中性脂肪を分解し、生じた脂肪酸を代謝することでエネルギーを得ます**。逆に、糖質や脂質などからエネルギーを過剰に摂取した際には、それらを中性脂肪に変換し、脂肪組織に貯蔵します。

⬡ エネルギーが不足している場合、過剰な場合

　最初に、エネルギーが不足している場合の仕組みを紹介します。脂肪組織には**リパーゼ**という中性脂肪を分解する酵素が存在します。エネルギーが必要なときだけ中性脂肪を分解する必要があるので、この酵素の活性はエネルギーの需要に合わせてスイッチのオン／オフが切り替えられます。そのスイッチの切り替えの役目を担うのが、**ホルモン**です。エネルギーの需要と供給に依存して分泌されるホルモンの種類が異なり、あるホルモン（グルカゴンやアドレナリン）はリパーゼのスイッチをオンにし、別のホルモン（インスリン）はスイッチをオフにします。リパーゼによる中性脂肪の分解で生じた**脂肪酸**は、血液の流れに乗って各組織に取りこまれます。そこで、**β酸化**による代謝を受け、エネルギー源となるのです。

　次に、エネルギーが過剰となっている場合です。糖質などを必要量以上に摂取すると、糖代謝の過程で生じるアセチルCoAは脂肪酸に変換され、**中性脂肪の形で脂肪組織に貯蔵**されます。これは、エネルギーが不足しているときに起こる反応の単なる逆反応ではありません。詳しい反応機構は次節で順番に見ていきましょう。

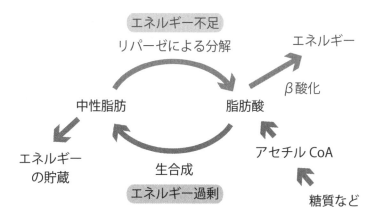

図6-12-1　脂質代謝のバランス

- エネルギーの需要と供給に応じて脂質代謝のバランスが調節されている。
- エネルギーが不足している場合、貯蔵されている中性脂肪が脂肪酸に分解され、β酸化によってエネルギーを生み出す。
- エネルギーが過剰な場合、糖などからアセチルCoAは脂肪酸に変換され、中性脂肪として貯蔵される。

脂肪酸の分解①
〜β酸化まで〜

脂肪酸はアシルCoAに変換され、次にβ酸化によって、最終産物としてアセチルCoA（炭素鎖が偶数の場合）もしくはプロピオニルCoA（奇数の場合）が生じます。

脂肪酸のβ酸化による代謝

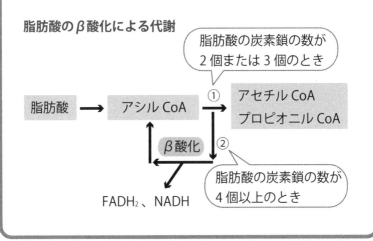

脂肪酸の代謝

　ここまで、脂肪酸を代謝することでエネルギーが得られることを紹介しました。それでは、どのように脂肪酸からエネルギーが生み出されるのか、ここでは、その過程について紹介します。

　中性脂肪はグリセロールと脂肪酸に分解され、脂肪酸はβ酸化によって代謝されます。

　脂肪酸は細胞質でアシルCoA*に変換されたあと（図6-13-1①）、ミトコンドリアの中に入ります。そこで、アシルCoAは酸化（図6-13-1②）、水和（図6-13-1③）、酸化（図6-13-1④）、チオール開裂（図6-13-1⑤）といった反応を経て、アセチルCoAを放出します。

　このとき、最初のアシルCoAと比べて、炭素鎖が二つ分短い新たなアシルCoAが生じます。この短いアシルCoAは再び同じ経路（②酸化→③水和…）をたどり、さらに2炭素分短くなります。この経路がくりかえされることで、アシルCoAは最終的にすべてアセチルCoAに変換され、クエン酸回路に導入されます。また、β酸化では同時に**FADH$_2$とNADHも生み出され、それらは電子伝達系に導入されてATP生産の駆動力となります。**

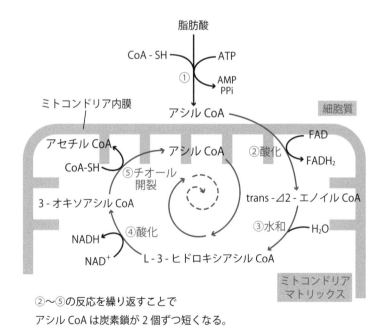

②〜⑤の反応を繰り返すことで
アシル CoA は炭素鎖が2個ずつ短くなる。

図6-13-1　脂肪酸のβ酸化経路

＊アシルCoA…脂肪酸と補酵素AがATPのエネルギーを使って結合した物質。

奇数鎖脂肪酸の代謝

　ここで勘のよい方は疑問に思うことがあるかもしれません。2個ずつ炭素鎖が短くなっていくということは、**脂肪酸**の炭素鎖が奇数の場合は、最後に三つの炭素が残るのですべてアセチルCoAになることはできませんね。この場合、最後にはプロピオニルCoAという物質が残ります。この**プロピオニルCoAは**、スクシニルCoAというクエン酸回路に含まれる物質に変換されることで、クエン酸回路に入ります。

- 脂肪酸はアシル CoA に変換されてから β 酸化によって代謝される。
- β 酸化では、アシル CoA の炭素鎖がアセチル CoA を放出することで二つずつ短くなっていき、最終的にすべてアセチル CoA に変換される。
- 奇数鎖脂肪酸の場合、最後にプロピオニル CoA が生じる。

脂肪酸の分解②
～β酸化からあと～

これだけ！

β酸化で生じたアセチルCoAはクエン酸回路、FADH₂と
NADHは電子伝達系に導入され、大量のATPが生産されます。

脂肪酸からの ATP 生産

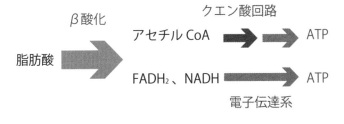

アセチルCoAとATP

　β酸化で大量に合成されるアセチルCoAは、ATP生産のためのエ
ネルギー源となります。一つの糖（グルコース）からは二つのアセチ
ルCoAがつくられますが、ほとんどの脂肪酸は10数個あるいは20個
以上の炭素から構成されているため、一つの脂肪酸からはそれより
も多くのアセチルCoAがつくられることになります。さらにβ酸化
が１周するたびに、NADHとFADH₂も一つずつ生み出されます。そ
のため、**一つの糖または脂肪酸の代謝に注目した場合、糖代謝より
も脂質代謝の方が、より多くのATPを得ることができる**のです。

パルミチン酸の代謝から生じるATP

それでは、脂肪酸からいったいいくつのATPがつくられるのか、生体内にもっとも多く存在する脂肪酸の一つであるパルミチン酸という16個の炭素から構成される脂肪酸を例に見てみましょう。

パルミチン酸はパルミトイルCoAに変換され、β酸化の代謝を受けます（図6-14-1）。1回のβ酸化によって2個ずつ脂肪酸の炭素鎖が短くなるので、全部で7回のβ酸化を受け、合計8分子のアセチルCoAと7分子の$FADH_2$、7分子のNADHが生成されます。

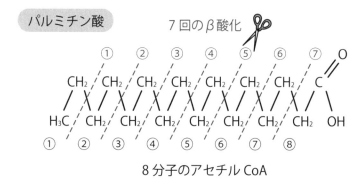

8分子のアセチル CoA

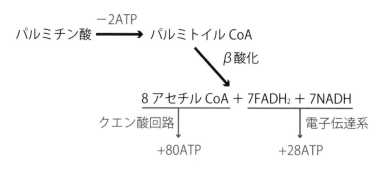

合計 106 分子の ATP が生産される

図6-14-1　パルミチン酸の代謝

　8つのアセチルCoAは、クエン酸回路（6-5参照）で代謝され、一つのアセチルCoAがクエン酸回路で代謝されると10個のATPがつくられるので、最終的に8×10＝80分子のATPとなります。電子伝達系において、FADH$_2$とNADHは、それぞれ1分子あたりATPを1.5分子と2.5分子つくることができるので、7×1.5＋7×2.5=28分子のATPが生産されます。これらをまとめると、1分子のパルミトイルCoAから80＋28＝108分子のATPが得られます。ただし、パルミチン酸からパルミトイルCoAに変換する際に2分子のATPを使うため、**合計で106分子のATPが生産される**ことになります。グルコース1分子が完全に代謝された場合にできるATPが32分子であることを考えると、脂質のほうがエネルギー源として効率的であることがわかります。

まとめ

- β酸化によって生じたアセチル CoA はクエン酸回路に導入され、FADH$_2$ と NADH は電子伝達系で ATP 生産のために使用される。
- パルミチン酸が1分子代謝されると 106 分子の ATP が生産される。

脂肪酸の生合成

これだけ！

エネルギーがじゅうぶんに供給されている場合、アセチルCoAはマロニルCoAを経て脂肪酸となり、中性脂肪として貯蔵されます。

脂肪酸の合成

アセチル CoA → マロニル CoA → 脂肪酸

| エネルギーが不足している場合 | | エネルギーがじゅうぶんにある場合 |

↓ ↓

エネルギー（ATP 生産）　　中性脂肪として貯蔵

脂肪酸生合成の仕組み

　私たちは、脂質だけでなく、糖質を食べすぎたときにも太ってしまいます。これは、過剰に摂取された糖質が、エネルギー（ATP）ではなく脂肪酸となり、中性脂肪として貯蔵されるからです。体の中にエネルギー源がたくさん存在する場合、そのすべてがエネルギーとして消費されるのではなく、より保存に適した物質へと変換され、蓄えられるというわけです。ここでは、アセチルCoAを起点として

脂肪酸が生み出される仕組み（脂肪酸の生合成）を紹介します。

　脂肪酸の生合成における第一歩は、**アセチルCoAカルボキシラーゼという酵素**により、アセチルCoAからマロニルCoAが生み出される反応です。次に、**脂肪酸合成酵素複合体**がアセチルCoAとマロニルCoAに作用し、アセチルCoA由来の二つの炭素にマロニルCoA由来の二つの炭素が結合します。このとき生成した物質に、さらに**マロニルCoA由来の二つの炭素が結合し、生成した物質に再びマロニルCoA由来の二つの炭素が結合する**……というように、**炭素が二つずつ結合する反応が繰り返されることで炭素鎖が伸長し、脂肪酸が合成**されます。たとえば、マロニルCoA由来の二つの炭素が結合する反応が7回繰り返されると、最終的に 2 ＋ 2 × 7 ＝16個の炭素から構成されるパルミチン酸が生み出されることになります。炭素数が二つずつ変化するという点は、脂肪酸の分解反応である β 酸化と似ています。しかし、脂肪酸の生合成は逆反応ではなく、β 酸化とは異なる形で反応が進んでいくので注意が必要です。

脂肪酸合成の制御

　脂肪酸の生合成は細胞質で行われる反応です。そのため、解糖系に由来し、ミトコンドリア内で生成されるアセチルCoAが直接使用されることはありません。実は、解糖系で生み出されたアセチルCoAがクエン酸回路の中でクエン酸となったあと、細胞質に運ばれてアセチルCoAに再変換されているのです。ATPが豊富に存在するとクエン酸回路のイソクエン酸デヒドロゲナーゼが抑制されるため、クエン酸が蓄積します。クエン酸回路での代謝が抑制される結果、より多くのクエン酸が細胞質へ運ばれ、アセチルCoAの供給源

となります。同時に、クエン酸は**アセチルCoAカルボキシラーゼ**を活性化するため、脂肪酸の合成が促進されます。その結果、細胞の中では、たくさんの脂肪酸が生み出されます。エネルギーが余剰となりそうなときに、脂肪酸の生合成が促進されるというのは、理にかなった仕組みといえます。

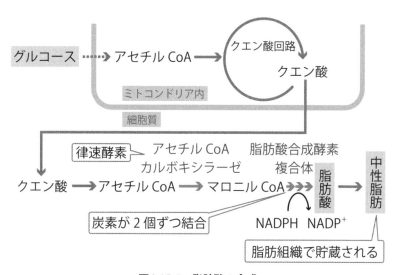

図6-15-1　脂肪酸の合成

- エネルギーがじゅうぶんに存在する場合、アセチルCoAはマロニルCoA→脂肪酸へと変換され、最終的には中性脂肪として貯蔵される。
- 脂肪酸生合成はβ酸化の逆反応ではない。
- アセチルCoAカルボキシラーゼは、脂肪酸生合成の主要な律速酵素。

物質代謝
（アミノ酸代謝・核酸代謝）

本章では、タンパク質のもとになる「アミノ酸」や遺伝情報の伝達に重要な「核酸」に着目して、これらの代謝経路を紹介します。生成過程だけでなく、分解過程も重要です。

アミノ酸代謝

これだけ！

必要に応じて、アミノ酸の生合成や分解が行われます。アミノ酸からは、生体に重要なさまざまな物質がつくられます。

アミノ酸の代謝

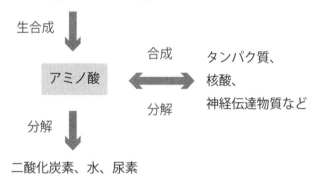

アミノ酸とは？

　アミノ酸入りドリンクやサプリメントが、薬局やコンビニで売られているのを見たことがある方は多いと思います。このアミノ酸が体にどのような影響を与えるのかについてはご存知でしょうか？

　タンパク質がアミノ酸からできていることを、3章で紹介しました。そのため多くの方は、アミノ酸はタンパク質を効率的につくるために必要と予想されるかもしれません。しかし、タンパク質以外にも、私たちが生きるために必要な物質の多くが、アミノ酸からつくられています。

　たとえば、**アミノ酸は糖新生や脂質の合成にも利用**されます。また、アミノ酸には窒素が含まれており、**窒素を必要とするさまざまな物質を合成するためにも使われます**。代表的なものとして、DNAをつくるための材料であるヌクレオチドや、酸素を体の各組織に運ぶヘモグロビン、神経から神経へ情報を伝えるために必要な神経伝達物質などを挙げることができます。

　さらに、**風邪のため長時間食事をしていない場合など**、栄養が枯渇し、エネルギーが不足しているときは、**タンパク質が分解されて生じたアミノ酸がさらに分解され、エネルギーが取り出されます**。アミノ酸は、非常事態に使われるエネルギー源でもあるのです。このように、さまざまな役割を担うアミノ酸の代謝を制御することは、とても重要であるといえます。

　ここからは、まずアミノ酸がどのように分解されるのかについて紹介します。例外はありますが、アミノ酸は、アミノ基の部分とその他の炭素骨格に分解され、それぞれ尿素回路とクエン酸回路で代謝されて、尿素と二酸化炭素、水に分解されます。

0
1
2
3
4
5
6
7
8

その次に、アミノ酸の合成についての話が続きます。アミノ酸は体内で合成できるものとできないものがあり、できるものについては解糖系やクエン酸回路の中間体（代謝反応の途中でできる物質）をもとにして合成されています。

そして最後に、アミノ酸から合成される物質について紹介します。よく聞く単語である「アミノ酸」。それらが体の中でどのように変化し、どのように使われているのかを学ぶことで、私たちの体の仕組みについてさらに理解を深めていきましょう。

まとめ

- アミノ酸は尿素、二酸化炭素、水に分解される。
- 解糖系やクエン酸回路の中間体からアミノ酸が合成される。
- アミノ酸からはタンパク質をはじめとして、さまざまな物質が合成される。

アミノ酸の分解

これだけ！

アミノ酸の分解では、アミノ基転移反応によってグルタミン酸と、対応する炭素骨格が生じます。生じたグルタミン酸は酸化的脱アミノ化および尿素回路を、炭素骨格はクエン酸回路を経て代謝されます。

アミノ酸の分解反応 (概要)

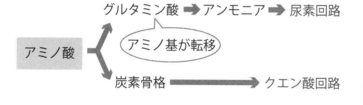

アミノ酸の分解

　前節で、アミノ酸が生体に必要な窒素源であることを学びました。しかし、アミノ酸には窒素を含むアミノ基が含まれるため、そのままではクエン酸回路に入っていくことができません。これは、クエン酸回路では窒素を代謝することができないためです。そこで、アミノ酸の分解では、まずアミノ基が除去され、残った炭素骨格がクエン酸回路などで代謝されることになります。ここでは、アミノ酸

がどのように分解されていくのかを紹介します。

 ## アミノ基の代謝

アミノ酸からアミノ基を除去するために、多くのアミノ酸ではま
ず、**アミノ基がトランスアミナーゼの作用によって2-オキソグルタ
ル酸に転移し、グルタミン酸になる反応が起こります（アミノ基転
移反応）**。次に、グルタミン酸にグルタミン酸デヒドロゲナーゼが
作用することで、NAD^+や$NADP^+$を消費して2-オキソグルタル酸と
アンモニアが生み出されます（酸化的脱アミノ化）。これでアミノ酸
がアミノ基と炭素骨格に分解されました（図7-2-1）。生じた**アンモ
ニアは、そのままでは生体に有害な物質です。そこで、尿素回路と
いう代謝経路で、尿素に変換されます**。尿素は無害で中性、水に溶
けやすい性質を持ち、血液により腎臓に送られて尿中に排出されま
す。尿素回路の詳細については次節で説明します。

 ## 炭素骨格の代謝

アミノ基が除かれて残った炭素骨格はそれぞれ異なった代謝経路
へと入っていきますが、多くの炭素骨格は最終的には**クエン酸回路
によって二酸化炭素と水に分解**されます。また、アミノ酸の内セリ
ンとグリシンではクエン酸回路ではなくグリシン開裂反応によって
代謝されるので、炭素骨格はクエン酸回路による代謝は受けません。
これらの反応も、あとで詳しく見ていきましょう。

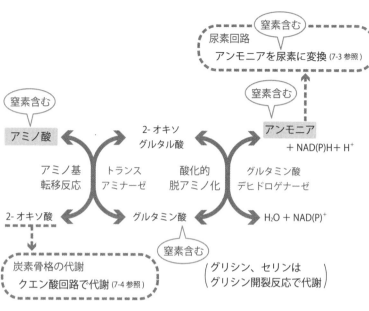

図7-2-1　アミノ酸の分解

- アミノ酸の分解は、アミノ基と炭素骨格に分けて考える。
- アミノ基由来のアンモニアは尿素回路によって尿素に変換される。
- 残った炭素骨格は、多くの場合、クエン酸回路で代謝される。

尿素回路とは

こ れ だ け !

尿素回路は、生体にとって有毒であるアンモニアを尿素に変換し、解毒するための代謝経路です。

尿素の生成

アンモニア、CO_2 → 尿素回路 ← アスパラギン酸

尿素 ←

有害なアンモニア

　アンモニアは生体にとって有害であると述べましたが、どういうことでしょうか？　アンモニアには、主に神経毒があるといわれていて、次のような悪影響が知られています。

①ミトコンドリアにおけるATP合成の効率が低下する。

②神経伝達物質（神経において情報を伝えるために必要な物質）を
　じゅうぶんにつくることができない。

③脳浮腫（水分量が増え、脳の容積が増大した状態）を引き起こす。

エネルギーをつくることができず、脳障害を引き起こす可能性が
あるのですね。こういった悪影響を与えないように、アンモニアは
尿素にすぐさま変換される必要があるのです。

🔷 尿素回路

　それでは、ヒトの場合、どのようにしてアンモニアを尿素に変換
しているのか紹介しましょう。アンモニアを尿素へと変換する回路
は、「**尿素回路**」と呼ばれ、主に**肝臓**で行われています。尿素回路の
反応の大部分は細胞質内で進みますが、一部はミトコンドリアの中
で行われます。具体的には、以下の五つの反応から成り立っています。

①アンモニアと2分子のATP、二酸化炭素(実際にはHCO_3^-)から、
　カルバモイルリン酸が生成される。
②カルバモイルリン酸とオルニチンが反応し、シトルリンが生成
　してリン酸が遊離する。
③シトルリンとアミノ酸であるアスパラギン酸がATPのエネル
　ギーを使ってアルギニノコハク酸になる。
④アルギニノコハク酸からフマル酸が遊離し、アルギニンが生成
　される。
⑤アルギニンは水と反応し、尿素を遊離してオルニチンが生成さ
　れる。

　最終的に生じたオルニチンは、再びカルバモイルリン酸と反応し、同じ反応を繰り返します。反応全体では、それぞれ1分子のアンモニアと二酸化炭素、アスパラギン酸から、3分子のATPを消費して、1分子の尿素が生み出されます。生じた尿素は、中性で無毒、水に溶けやすいという性質があるため、血流によって腎臓に運ばれて尿として体外に排泄されます。

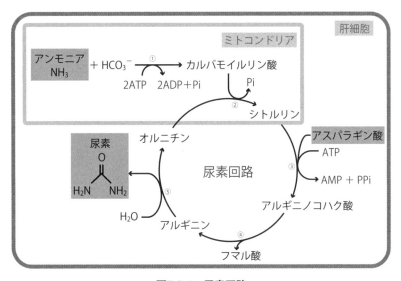

図7-3-1　尿素回路

- 生体にとって有害なアンモニアは、無毒な尿素に変えて排泄される。
- アンモニアを尿素に変換する反応は尿素回路と呼ばれる。

アミノ酸炭素骨格の代謝

これだけ！

アミノ酸に含まれる炭素骨格は、主としてクエン酸回路による代謝を受けます。

炭素骨格の代謝

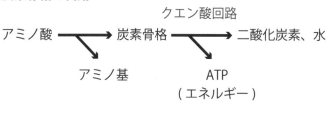

炭素骨格の主な代謝経路

　ここでは、アミノ酸の代謝のなかでも、アミノ基が除去されて残った炭素骨格が、その後どのように代謝されていくのかを紹介します。

　アミノ酸の炭素骨格の細かい代謝経路は、アミノ酸の種類によって異なりますが、多くの場合、**クエン酸回路の中間体や前駆体（ある物質が生成されるとき、その物質になる前の段階の物質のこと）が生み出され、クエン酸回路によってさらなる代謝を受けます**。その結果、残った**炭素骨格が、エネルギー源として活用されるとともに、二酸化炭素と水に分解されます**。この仕組みは、オートファジーという現象にも大きくかかわっています。オートファジーとは「自

分自身を食べる」という意味で、細胞内のタンパク質を分解するための仕組みの一つです。細胞に栄養がじゅうぶん与えられていない状況になると、オートファジーによってタンパク質が分解され、生じたアミノ酸からエネルギーが取り出されたり、新しく必要なタンパク質がつくられたりするのです。

　さて、炭素骨格の代謝経路に話を戻しましょう。それぞれの**炭素骨格がクエン酸回路に入る経路は、①アセチルCoA、②2-オキソグルタル酸、③スクシニルCoA、④オキサロ酢酸を経由する場合の四つに大別**できます。各アミノ酸の炭素骨格が、①〜④の内のどの経路に入るかを分類すると、以下のようになります。あとで説明するように、グリシンとセリンは例外的な代謝を受けることが知られています。

　　①の経路に入るもの：スレオニン、トリプトファン、
　　　　　　　　　　　　　フェニルアラニン、チロシン、リシン、
　　　　　　　　　　　　　ロイシン、イソロイシン
　　②の経路に入るもの：グルタミン、グルタミン酸、プロリン、
　　　　　　　　　　　　　アルギニン、ヒスチジン
　　③の経路に入るもの：メチオニン、バリン、イソロイシン
　　④の経路に入るもの：アスパラギン、アスパラギン酸、アラニン、
　　　　　　　　　　　　　システイン

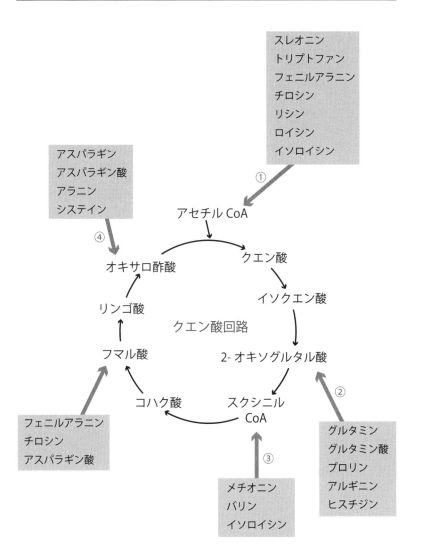

図7-4-1　炭素骨格の代謝とクエン酸の関係

セリン、グリシンの分解

　ヒトを含む哺乳類では、セリンとグリシンはクエン酸回路によっ
て代謝されません。グリシンの主要な分解経路は、グリシン開裂反
応によって、二酸化炭素、アンモニア、メチレンテトラヒドロ葉酸
に分解されます。一方、セリンはグリシンに変換されたあと、同様
にグリシン開裂反応によって分解されます。

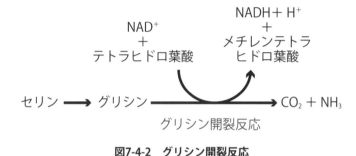

図7-4-2　グリシン開裂反応

- アミノ酸の炭素骨格は、主にクエン酸回路によっ
  て代謝される。
- その導入は、アセチルCoA、2-オキソグルタル酸、
  スクシニルCoA、オキサロ酢酸経由の四つに大
  別。

5 アミノ酸の生合成

 これだけ！

必須アミノ酸は体内で合成できないため食物から摂取し、非必須アミノ酸は解糖系やクエン酸回路の中間体から合成されます。

アミノ酸の生合成

必須アミノ酸
(体内で合成不可能) ➡ 食物から摂取

非必須アミノ酸
(体内で合成可能) ➡ 主に解糖系やクエン酸回路の中間体から合成

必須アミノ酸と非必須アミノ酸

ここでは、アミノ酸の生合成について紹介したいと思います。ヒトをはじめとする動物には、自身の体内で合成することができないアミノ酸(**必須アミノ酸**)と体内で合成することができるアミノ酸(**非必須アミノ酸**)が存在しています。アミノ酸は、生命活動を維持するうえで欠かせないものの一つですから、必須アミノ酸は食事によって得られることになります。ヒトの場合、表7-5-1にしめしたように、**9種類の必須アミノ酸**と、**11種類の非必須アミノ酸**が

存在しています。どのアミノ酸が「必須」であるかは生物によって異なっており、多くの植物や細菌には、ヒトが合成できないアミノ酸を生み出す仕組みが備わっています。それでは、どうしてより高等な生き物である動物では、すべてのアミノ酸を合成できないのでしょうか？　一つの理由として、食べ物からアミノ酸を摂取することができる高等動物では、合成に負担がかかるアミノ酸を自らつくり出さなくてもよいようになったのではないかと推測されています。

表7-5-1　ヒトにおける必須アミノ酸と非必須アミノ酸

分　類	名　前
必須アミノ酸 (9種類)	バリン、ロイシン、イソロイシン、リシン、スレオニン メチオニン、フェニルアラニン、トリプトファン、 ヒスチジン
非必須アミノ酸 (11種類)	アラニン、アスパラギン酸、グルタミン酸、アスパラギン グルタミン、セリン、グリシン、システイン、アルギニン プロリン、チロシン

植物と動物でのアミノ酸生合成経路

　図7-5-1と図7-5-2に、植物と動物それぞれの場合における、非必須アミノ酸の合成経路をしめしました。どちらの場合においても、**クエン酸回路や解糖系の中間体から多くのアミノ酸が合成**されます。植物と動物を比較してみると、合成経路の長いアミノ酸を中心に、一部のアミノ酸の合成経路が動物に存在しないことがわかると思います。たとえば、植物におけるイソロイシンの合成に注目すると、オキ

サロ酢酸からアスパラギン酸が合成されたあと、スレオニンに変換され、さらに反応が進むことでようやくイソロイシンとなることがわかります。一方、動物にはイソロイシンを合成する仕組みは備わっておらず、食事によって摂取することになります。アミノ酸合成にもエネルギーが必要であることを考えると、効率がよいと考えられますね。

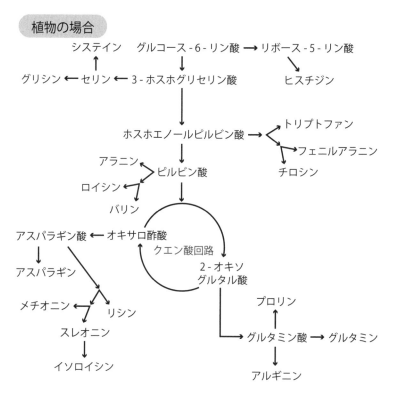

植物の場合

図7-5-1　非必須アミノ酸の生合成

動物の場合

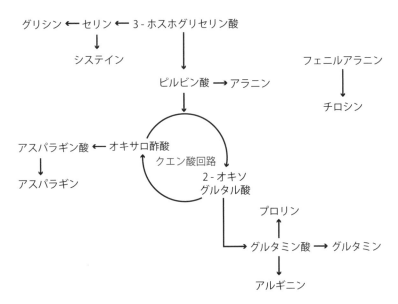

図7-5-2　非必須アミノ酸の生合成

動物のアミノ酸生合成経路

それでは、動物における非必須アミノ酸の生合成経路をもう少し詳しく見ていきましょう。経由する中間代謝物に応じて、次の四つの経路に大別されます。

①オキサロ酢酸経由　　　　：アスパラギン酸、アスパラギン
②ピルビン酸経由　　　　　：アラニン
③2-オキソグルタル酸経由　：グルタミン、グルタミン酸、
　　　　　　　　　　　　　　　プロリン、アルギニン
④3-ホスホグリセリン酸経由：セリン、システイン、グリシン

　前節のアミノ酸の分解経路の図と見比べるとわかりますが、それ
ぞれのアミノ酸は分解経路と生合成経路で、経由する物質が同じ物
である場合が多く認められます。

アミノ酸代謝異常症

　すでに紹介したように、アミノ酸は大事な物質です。そのため、
「どの種類のアミノ酸をどれくらい分解し、合成するのかを決める
こと」、つまりアミノ酸代謝のバランスを制御することは、とても
重要なことです。**もしアミノ酸の代謝に異常があると、病気の原因
となる可能性があります**。具体的には、いくつかのアミノ酸が体内
に蓄積する結果、病気になってしまう例が知られており（フェニル
ケトン尿症、ヒスチジン血症など）、アミノ酸が分解されるまでに
生じる中間体が病気の原因となる例も存在します（先天性高チロシ
ン血症、アルカプトン尿症など）。私たちは何気なく生活していま
すが、体内では驚くほど精密な制御が行われており、健康が維持さ
れているのです。

- 体内で合成できない必須アミノ酸は、食事によって得られる。
- アミノ酸は、主にクエン酸回路や解糖系の中間体から合成される。
- アミノ酸代謝の異常は、病気の原因となり得る。

アミノ酸から合成される生体物質

これだけ！

アミノ酸はタンパク質だけでなく、さまざまな物質の合成原料になります。

アミノ酸から合成される物質

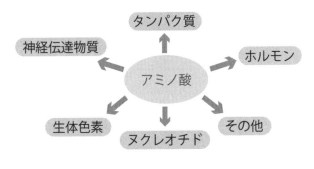

 ### アミノ酸からつくられる物質

アミノ酸はタンパク質の合成材料であることはすでに学びました。ここでは、タンパク質以外でアミノ酸から合成される物質を紹介します。代表的なものを次の表にしめしました。いずれも体の中で重要なはたらきを担う物質です。アミノ酸から合成される物質はほかにもたくさんあります。アミノ酸は、私たちの体が正常にはたらくうえでとても重要な物質なのです。

表7-6-1　アミノ酸から合成される物質の例

元になる アミノ酸	つくられる物質	つくられる物質のはたらき
グリシン	ヘム	酵素の運搬や酸化還元反応などに関与している
グリシン アスパラギン酸	プリンヌクレオチド	ヌクレオチドの原料
チロシン	メラニン	皮膚、毛髪などの色素
	アドレナリン	副腎髄質ホルモン、神経伝達物質
	チロキシン	甲状腺ホルモン
トリプトファン	セロトニン	神経伝達物質
グルタミン酸	γ-アミノ酪酸 (GABA)	神経伝達物質
アルギニン	一酸化窒素	多くの生理活性を持つ (血圧調節、神経伝達、抗菌作用など)
ヒスチジン	ヒスタミン	多くの生理活性を持つ (血管拡張、胃酸分泌促進、神経伝達など)

まとめ

- アミノ酸は、タンパク質やヘム、さまざまな神経伝達物質、ホルモンなどを合成するために必要な物質。

核酸代謝

これだけ！

DNAの素材となるヌクレオチドは、新生経路と再生経路でつくられ、余分なものは代謝分解されます。

ヌクレオチドの合成と分解

リボース - 5 - リン酸
アミノ酸 など

↓ 新生経路

ヌクレオチド ━━━→ 代謝分解 ━━━→ 尿酸
アンモニア
炭酸ガス など

↑ 再生経路

ヌクレオシド
塩基

ヌクレオチドの合成

　3章で、私たちの遺伝情報が核酸に書かれていることを勉強しました。ヒトを含むすべての生物の遺伝情報が書きこまれたDNAやRNAの素材となる重要な物質がヌクレオチドです。では、このヌクレオチドは体の中でどのようにしてつくられているのでしょうか？

　まず、ヌクレオチドは構造のちがいによって**プリンヌクレオチド**と**ピリミジンヌクレオチド**に分けられます（図7-7-1）。これらのヌクレオチドを合成する経路には、新しく一から合成する**新生経路**と、すでにできあがったヌクレオシドや塩基を再利用して合成する**再生経路**があります。

　新生経路では、プリンヌクレオチドの場合、ペントースリン酸経路（6-9参照）で合成されたリボース-5-リン酸を出発材料として、アミノ酸（アスパラギン酸、グルタミン、グリシンなど）を利用してATPとGTPが合成されます。一方、ピリミジンヌクレオチドの場合、アミノ酸であるアスパラギン酸やグルタミンなどをもとにCTPとdTTPが合成されます。

　再生経路では、細胞の代謝や食べたものを消化する過程（生物由来なのでDNAやRNAを含む）でRNAやDNAの分解から生じたヌクレオシドや塩基を再利用してヌクレオチドを合成します。本節では、ヌクレオチド合成経路の中でも主に新生経路について紹介します。

ヌクレオチドの代謝分解

　ヌクレオチドの合成経路には再生経路が存在するため、細胞内のほとんどの塩基はリサイクルされます。しかし、食事によって過剰に摂取されたヌクレオチドはヌクレオシドから塩基、そして尿酸やアンモニアおよび炭酸ガスなどに代謝分解されて体外に排出されます。ヌクレオチドの代謝分解においては、**プリンヌクレオチドとピリミジンヌクレオチドは異なる経路を辿って分解**されます。次節からは、これらの代謝分解について紹介します。

プリンヌクレオチド
合成経路

ピリミジンヌクレオチド
合成経路

リボース-5-リン酸　　　　　　グルタミン

5-ホスホリボシル　　　　　　　　　　　　← アスパラギン酸
ピロリン酸 (PRPP)

アスパラギン酸、
グルタミン、
グリシン

オロチジン-リン酸

イノシン-リン酸　　　　　　　　UMP

アスパラギン酸 →

UDP → dUDP → dUMP

アデニロコハク酸　　キサントシン-リン酸　　UTP　　　　dTMP

グルタミン →

AMP　　　　　　　GMP　　　CTP　　　dTDP

ADP　　　　　　　GDP　　　　　　　　dTTP

ATP　　　　　　　GTP

プリン骨格　　　　　　ピリミジン骨格

図7-7-1　ヌクレオチド合成経路と塩基の構造

まとめ

● ヌクレオチドは新生経路と再生経路で合成される。
● プリンヌクレオチドとピリミジンヌクレオチドは異なる経路で代謝される。

プリンヌクレオチドの合成

プリンヌクレオチドは、①新生経路ではリボース-5-リン酸とアミノ酸などから、②再生経路では遊離のプリン塩基とPRPPから合成されます。

プリンヌクレオチドの合成

プリンヌクレオチドの新生経路

プリンヌクレオチドは、新生経路では、リボース-5-リン酸やアミノ酸などから合成されます。図7-8-1に新生経路の一連の流れをしめしました。この経路は、ペントースリン酸経路によって合成された**リボース-5-リン酸を出発材料**として反応が進みます。11の過程でリボース-5-リン酸に、**種々のアミノ酸（アスパラギン酸、グルタミン、グリシン）が加わりながらプリン環を持つイノシン一リン酸(IMP)が合成**されます。さらに、いくつかの段階を経て、IMPからDNAの素材となるATPやGTPが合成されます。

　この反応の特徴は、**5-ホスホリボシルピロリン酸（PRPP）**[*]にさまざまな物質が結合していきながら、ATPなどのプリン化合物が合成される点にあります。

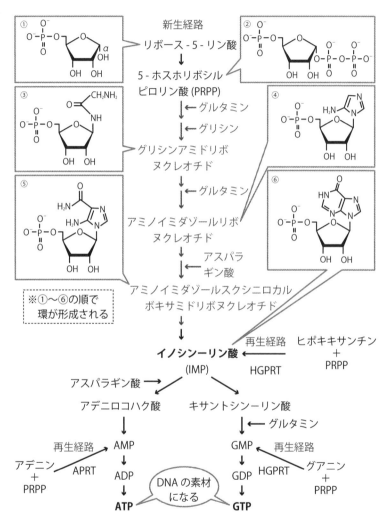

図7-8-1　プリンヌクレオチドの合成経路と代謝物の構造

---

[*]5-ホスホリボシルピロリン酸（PRPP）…リボース-5-リン酸からつくられて、プリンヌクレオチドとピリミジンヌクレオチドの両方の合成素材となる物質。

プリンヌクレオチドの再生経路

　プリンヌクレオチドの再生経路では、**遊離のプリン（ヒポキサンチンやグアニン、アデニン）と5-ホスホリボシルピロリン酸（PRPP）が結合することで、IMPやGMP、AMPが生み出されます**（図7-8-1）。

　ヒポキサンチンやグアニンとPRPPとの結合はHGPRT（ヒポキサンチン-グアニンホスホリボシルトランスフェラーゼ）という酵素によって、アデニンとPRPPの結合はAPRT（アデニンホスホリボシルトランスフェラーゼ）という酵素によって触媒されます。

　再生経路がうまく機能できない場合、つまり、遊離のプリンを利用できない場合には、その代わりとして新生経路が強くはたらくようになります。このことは、一見、じょうずな体の仕組みのように見えますが、プリンもしくはその代謝物が過剰となり、たとえば尿酸が蓄積されると痛風となり、体の調子が悪くなることもあります。

　再生経路は、私たちの体の中に存在するプリン体の量を調節するうえで、重要な役割を果たしているのです。

> **まとめ**
> ● **新生経路：リボース-5-リン酸とアミノ酸などからプリンヌクレオチドを合成。**
> ● **再生経路：ヒポキサンチンやグアニンとPRPPからプリンヌクレオチドを合成。**

ピリミジンヌクレオチドの合成

> ## 🧪 これだけ！ 🔥
>
> ピリミジンヌクレオチドは、①新生経路ではアミノ酸と
> PRPPなどから合成され、②再生経路では遊離のピリミジン
> 塩基とPRPPから合成されます。
>
> ピリミジンヌクレオチドの合成
>
>

🔷 ピリミジンヌクレオチドの新生経路と再生経路①

　ピリミジンヌクレオチドは、新生経路では、アミノ酸やプリンヌ
クレオチドが合成される過程でできた5-ホスホリボシルピロリン酸
（PRPP）などから合成されます。

　図7-9-1にピリミジンヌクレオチドの合成経路をしめしました。
新生経路では、まず**グルタミンやアスパラギン酸などからピリミジ
ン環が合成**されます。合成された**ピリミジン環にPRPPが結合**する
ことでオロチジン一リン酸が生み出されます。さらに、いくつか

の段階を経て、オロチジンーリン酸からUTPとCTPが合成されます。
これらは、RNAやDNAの素材となります。

　再生経路では、オロト酸からオロチジンーリン酸の合成を触媒す
るオロト酸ホスホリボシルトランスフェラーゼがはたらきます。こ
の酵素は、ウラシルやチミンといった遊離のピリミジンとPRPPを
結合することでピリミジンヌクレオチドを合成します。この反応の
特徴は、**さまざまなピリミジン環にPRPPが結合することでピリミ
ジン化合物が合成される**点にあります。

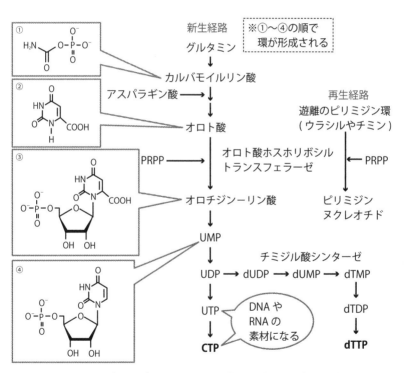

図7-9-1　ピリミジンヌクレオチド合成経路と代謝物の構造

ピリミジンヌクレオチドの新生経路と再生経路②

　いくつかのピリミジンヌクレオチドができるまでを紹介してきました。ここではDNAを合成するための素材の一つであるdTTPができるまでを紹介したいと思います。dTTPはUDPからの分岐経路にて合成されます。UDPが代謝されてdUMPとなり、メチル化によりdTMPとなって、最終的にdTTPとなります。このメチル化反応に関与する酵素がチミジル酸シンターゼです。dTTPが代謝されてできるチミンはDNAの素材であり、DNAの合成に必要不可欠な物質です。そのため、チミジル酸シンターゼのはたらきが止まるとチミンがつくられなくなり、結果的にDNA合成が阻害されます。この現象は医療の場でも応用されています。たとえば、DNAの合成を阻害することは、盛んに細胞分裂をするがん細胞の増殖を止めるための有効な方法の一つとして知られています。そのため、チミジル酸シンターゼのはたらきを止めて、DNAの材料になるチミンがつくられなくなるような物質が抗がん剤として使用されています。

まとめ

- **アミノ酸と PRPP などからピリミジンヌクレオチドが合成される。**
- **dTTP 合成を阻害することで、DNA 合成を抑制できる。**

7 10 プリンヌクレオチドの代謝分解

これだけ！

プリンヌクレオチドはプリンヌクレオシド、プリン塩基、尿酸へと代謝分解されて尿として排泄される。

プリンヌクレオチドの代謝分解

プリンヌクレオチド

↓

プリンヌクレオシド

↓

プリン塩基

↓

尿酸

プリンヌクレオチドの代謝分解経路

　私たちが口にする肉、魚、野菜などの多くの食べ物は生物に由来するため、そこには細胞内のDNAやRNA由来の多くのヌクレオチドが含まれています。体の中で余分なヌクレオチドは分解されて、体外へと排出されます。ここではプリンヌクレオチドの代謝分解経路について見てみましょう（図7-10-1）。

　プリンヌクレオチドはリン酸基が外れてプリンヌクレオシドとなり、リン酸基を加えて分解することで（加リン酸分解）プリン塩基となります。プリン塩基はキサンチンを経て尿酸となり、その後アラントインという物質に代謝され、体外に排泄されます。しかし、ヒトなどの霊長類においては、尿酸をアラントインに変換する仕組みが備わっていないため、**尿酸が最終産物**となり、**尿や便として排泄**されています。

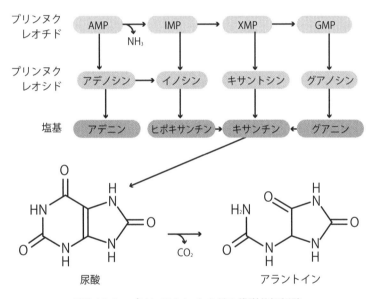

図7-10-1　プリンヌクレオチドの代謝分解経路

- プリンヌクレオチドは尿酸に代謝分解される。
- 尿酸は、尿や便として排泄される。

ピリミジンヌクレオチドの代謝分解

ピリミジンヌクレオチドは代謝され、一部が尿として排泄され、残りはさらに代謝されてクエン酸回路で利用される。

ピリミジンヌクレオチドの代謝分解

ピリミジンヌクレオチド
↓
ピリミジンヌクレオシド
↓
ピリミジン塩基
↓
β-アミノイソ酪酸、β-アラニン
↓
スクシニル CoA、アセチル CoA

 ## ピリミジンヌクレオチドの代謝分解経路

　最後に、ピリミジンヌクレオチドの代謝分解経路を見てみましょう (図7-11-1)。ピリミジンヌクレオチドは、プリンヌクレオチドと同じような反応によって塩基にまで分解されます。代謝分解によって生じた**チミン**と**ウラシル**は、炭酸ガスとアンモニアを生じながら、それぞれ**β-アミノイソ酪酸**と**β-アラニン**に変換されます。こ

れらβ-アミノイソ酪酸とβ-アラニンの一部は尿として排泄されますが、残りはさらに代謝が進み、**スクシニルCoAとアセチルCoAとなり、クエン酸回路で再利用**されます。

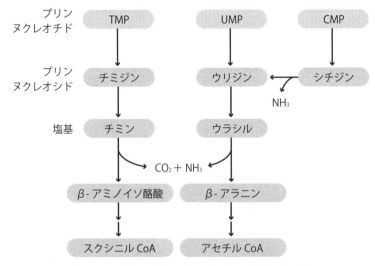

図7-11-1 ピリミジンヌクレオチドの代謝分解経路

- ピリミジンヌクレオチドは、β-アミノイソ酪酸とβ-アラニンを経て、スクシニルCoAとアセチルCoAに代謝分解される。
- β-アミノイソ酪酸とβ-アラニンの一部は尿として排泄される。
- スクシニルCoAとアセチルCoAはクエン酸回路に入る。

第 **8** 章

核酸の生化学

いよいよ最後の章です。すべての生物が持つ
大切な「遺伝子」。本章では、この遺伝子の
正体に迫り、体の中でどのようにはたらいて
いるかについて学びたいと思います。

8-1 そもそも遺伝子ってなに？

これだけ！

遺伝子とは、「こういったタンパク質をつくりなさい」という指令が書かれた暗号のことです。

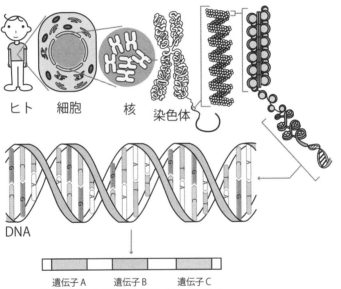

ヒト　細胞　核　染色体

DNA

遺伝子A　　　遺伝子B　　　遺伝子C
（タンパク質A）（タンパク質B）（タンパク質C）

DNA上には「こういうタンパク質をつくりなさい」という指令が書かれた暗号（遺伝子）が存在

遺伝と遺伝子

　当たり前のことですが、黒人同士の親からは黒人が生まれ、白人同士の親からは白人が生まれてきます。黒人や白人にはそれぞれ固有の特徴があり、髪の毛や瞳の色、体格などは人種によりちがいます。このように、髪の毛の色など、生物が持つ性質のことを「形質」といい、形質が親から子へ伝わることを「**遺伝**」といいます。

　この遺伝に深くかかわっているのが「**遺伝子**」です。黒人と白人では、髪の毛や瞳の色の特徴がちがっていますが、これは遺伝子がそれぞれちがっているからです。また、髪の毛や目のレンズなど、生物の体のパーツの多くはタンパク質からできています。言い換えれば、**遺伝子とは、「こういうタンパク質をつくりなさい」という指令が書かれた暗号の役目**を果たしているのです。

遺伝子の正体とは？

　遺伝子が生物の暗号といわれても、あまりピンとこない方も多くいると思いますが、果たしてその正体はなにものでしょうか。

　私たち、ヒトをはじめとするさまざまな生物は、多くの**細胞**が集合してできています（2-1参照）。細胞は、**核**と呼ばれる細胞小器官を含んでおり、核の中に**染色体**が存在しています。染色体とは、ヒストンと呼ばれるタンパク質に**DNA**が巻き付いた棒状の物質です。

　3章で登場したDNAは、「塩基」「糖（デオキシリボース）」「リン酸」と呼ばれる化合物が一つずつ結合した構造を最小単位（ヌクレオチド）とし、各ヌクレオチドに含まれるリン酸がつながることで、鎖のような構造を形成します。また、4種類の塩基、アデニン（A）、グアニン（G）、シトシン（C）、チミン（T）は、「AとT」、「GとC」が互

いに結合し合う性質を持つことから、2本の相補的な鎖が逆平行に並ぶことで、**二重らせん構造**を形成することがわかっています。

　実は、このDNAに含まれる**4種類の塩基の並び方のちがいが、暗号の役目**を果たしています。ただし、DNA（生命の設計図）そのものが、遺伝子の正体というわけではなく、DNAに含まれる塩基配列の内、**「あるタンパク質をつくりなさい」という指令が書かれた、特定の領域のことを遺伝子と定義しています**。ちなみに、生物が持つ遺伝子の割合は、DNA全体の数%に過ぎないと考えられています。

ヒトの遺伝子について

　これまで、次世代シーケンサー技術*が発達し、さまざまな生物のDNA情報が解読されるなかで、ヒトのDNAには、およそ**25,000種類の遺伝子があることが明らかとなりました**。また、冒頭でも述べたようにヒトが持つ遺伝子は人種により異なるなど、**個体差**（黒人と白人でのちがいなど）があることもわかっています。たとえば、生命活動に必要なタンパク質の遺伝暗号を生まれつき持たないヒトでは、**さまざまな病気にかかりやすいなど、遺伝子と病気との関連が明らかにされています**。また、遺伝暗号は常に同じというわけではなく、突然変異などにより、間違った暗号に書き換えられてしまう場合もあり、**がんなどの病気の原因となることが明らかとなっています**。

- 遺伝子とは「あるタンパク質をつくりなさい」という暗号。
- ヒトの遺伝子の数はおよそ25,000種類。
- 遺伝子の個体差や突然変異は、病気と深く関係。

*次世代シーケンサー技術…DNA配列の解析手法。現在では、ヒトが持つDNA（30億塩基対）をわずか1日で解読できるようになった。

2 遺伝子の発現

⚗ これだけ！ 🔬

遺伝暗号は、DNA→RNA→タンパク質の順に伝えられます（この流れをセントラルドグマといいます）。
遺伝子発現とは、遺伝暗号をもとにつくられたタンパク質が体の中ではたらくことです。

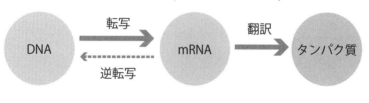

遺伝情報の流れ (セントラルドグマ)

DNA　　転写→　　mRNA　　翻訳→　　タンパク質
　　　　←逆転写

🔷 遺伝子発現とは？

　実は、遺伝暗号からタンパク質がそのままつくられているわけではありません。原核生物と真核生物では少しちがいはあるものの、DNAに隠された遺伝暗号は、一度**メッセンジャー RNA（mRNA）**と呼ばれるRNAにコピーされています。このDNAからmRNAがつくられる反応を**「転写」**といいます。RNAは、DNAと同じ核酸の１種で、DNAと同じように遺伝暗号を伝える分子としてはたらいています。その後、mRNAに伝えられた遺伝暗号は、リボソームと呼ばれる翻

訳装置により解読され、タンパク質が合成されていきます。この
mRNAからタンパク質がつくられる反応を「**翻訳**」といいます。つま
り、**DNAの遺伝暗号は、mRNAに転写されたあと、タンパク質に翻
訳されている**のです。この一連の流れのことを生化学では、「**セン
トラルドグマ**」といいます。

　生物では、セントラルドグマの流れにしたがって、生きるために
必要なタンパク質が遺伝暗号からつくり出され、体の中ではたらい
ています。このように**遺伝暗号からつくられたタンパク質が体の中
ではたらくことを「遺伝子が発現する（遺伝子発現）」**といいます。

　基本的に、セントラルドグマは一方向の流れですが、ウイルス*
では、特殊な酵素が存在しており、**RNAからDNAをつくりだす「逆
転写」と呼ばれる現象**が起こります。

コドンとはなにか？

　3章でも紹介しましたが、タンパク質は20種類のアミノ酸から
つくられます。あれ？　DNAが持つ遺伝暗号はmRNAに転写されて、
タンパク質に翻訳されるけど、DNAもRNAも核酸の1種であって、
アミノ酸ではありませんよね？　実は、mRNAに転写された遺伝暗
号からタンパク質がつくられる翻訳の過程には、からくりが存在し
ます。このからくりこそが「**コドン**」です。4種類の塩基からつくら
れる遺伝暗号は、**コドンという三つの塩基配列の組み合わせにより、
20種類のアミノ酸に対応させることができる**のです。4種類の塩
基配列が三つ並んだ場合の組合せでは、$4^3＝64$通りのコドンが存
在することになり、20種類のアミノ酸と対応させることができる
というわけです。

＊ウイルス…他の生物の細胞を利用して、自己を複製させることのできる微小な構造体のこと。
　　非生物として分類される。

表8-2-1 コドン表

1文字目	3文字目	2文字目							
		U		C		A		G	
U	U	UUU	フェニル アラニン	UCU	セリン	UAU	チロシン	UGU	システイン
	C	UUC		UCC		UAC		UGC	
	A	UUA	ロイシン	UCA		UAA	終止	UGA	終止
	G	UUG		UCG		UAG		UGG	トリプトファン
C	U	CUU	ロイシン	CCU	プロリン	CAU	ヒスチジン	CGU	アルギニン
	C	CUC		CCC		CAC		CGC	
	A	CUA		CCA		CAA	グルタミン	CGA	
	G	CUG		CCG		CAG		CGG	
A	U	AUU	イソロイ シン	ACU	スレオニン	AAU	アスパラ ギン	AGU	セリン
	C	AUC		ACC		AAC		AGC	
	A	AUA		ACA		AAA	リシン	AGA	アルギニン
	G	AUG	メチオニン	ACG		AAG		AGG	
G	U	GUU	バリン	GCU	アラニン	GAU	アスパラ ギン酸	GGU	グリシン
	C	GUC		GCC		GAC		GGC	
	A	GUA		GCA		GAA	グルタミ ン酸	GGA	
	G	GUG		GCG		GAG		GGG	

※RNAでは、U（ウラシル）がDNAでのT（チミン）に相当。

　表からわかるように、いくつかのアミノ酸は、コドンが重複して
います。また、メチオニンは、**翻訳を開始する開始コドンとして
重要な役割**を持ち、翻訳を終わらせる3種類の**終止コドン**（UAA、
UAG、UGA）も重要なので覚えておきましょう。

まとめ
- **DNA に書かれた遺伝暗号からタンパク質がつく
られ（セントラルドグマ）、そのタンパク質が体
の中ではたらいている（遺伝子発現）。**
- **コドンは、20 種類のアミノ酸と対応する。**

DNAの複製

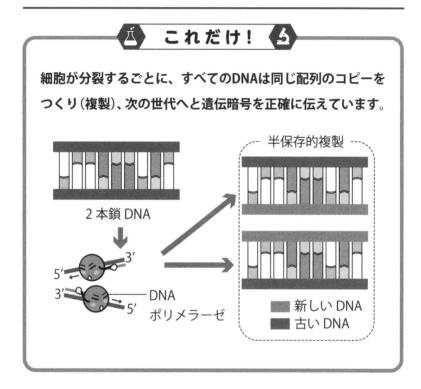

これだけ！

細胞が分裂するごとに、すべてのDNAは同じ配列のコピーをつくり（複製）、次の世代へと遺伝暗号を正確に伝えています。

半保存的複製

2本鎖DNA

DNAポリメラーゼ

新しいDNA
古いDNA

細胞内のDNAを守る仕組み

　私たちは暑い場所や寒い場所、日差しの強い場所など、さまざまな環境で生活していますが、細胞はいつも同じようにはたらいています。これは私たちの細胞が新しく分裂するときに、DNAが持つ**遺伝暗号が正確にコピーされるおかげで、正常な機能を維持できるから**なのです。この遺伝暗号をコピーすることを**DNAの複製**とい

います。もし、この複製がいい加減になってしまうと、細胞は正しく機能しなくなります。たとえば、細胞が勝手に増えすぎないように調節する大事な遺伝子の複製でミスが起こると、新しくできた細胞はどんどん増えてしまいます（細胞のがん化）。したがって、DNAは正確に複製されなければなりません。

　ヒトでは、このDNAの複製がおよそ8時間で完了するといわれています。ヒトのDNAはおよそ30億塩基対なので、この本の文字数で計算すると、約1万3千冊分がたった8時間で複製されることになります。しかも複製の際に起こるミスは平均して1～3文字ぐらいしかありません。編集者も驚くほどの正確さと速さですね。このような正確かつとても速いDNAの複製を行っているのが、多くのタンパク質が集まってできた**「DNA複製装置」**なのです。

DNAの半保存的複製

　DNA複製装置の主役は**「DNAポリメラーゼ」**です。DNAポリメラーゼとは酵素の1種で、複製の際に2本鎖DNAを伸ばすはたらきをもちます。このとき、片方をテンプレート（鋳型）として、各塩基（A⇔T、G⇔C）に対応するDNA鎖を次々につないでいきます。新しくできたDNAを見てみると、片方のDNA鎖は古いもので、もう片方のDNA鎖が新しいものになっています。これは**「半保存的複製」**と呼ばれています。

まとめ

- 細胞分裂の際に DNA の正確な複製が行われる。
- DNA は DNA ポリメラーゼを中心とする DNA 複製装置によって半保存的に複製される。

DNAの複製の仕組み

8-4

🧪 **これだけ！** 🔬

DNAは、①開始、②伸長反応、③終結の3段階の反応を通じて複製されます。

① 開始 複製起点で2本鎖のDNAがほどける

複製起点

DNA合成の鋳型に
使える一本鎖DNA

5′ ——— 3′
3′ ——— 5′

5′ ——— 3′
3′ ——— 5′

② 伸長

ほどけたところから両側に向かって複製フォークが
移動し、新しいDNAが伸長されていく(5′→3′の方向)

複製フォーク(Y字型の分岐点)

←複製フォークの移動方向→

③ 終結

もとのDNA鎖を鋳型にした2本鎖DNAが複製される

🔷 DNAが複製されるまでの流れ

　DNAの構造については、3章で紹介しました。その詳細を見てみると、ヌクレオチドAの五炭糖3′位にある「OH基」とヌクレオチドBの五炭糖5′位にある「リン酸基」との間で**ホスホジエステル結合**が形成されています（3-5参照）。この結合が繰り返されることで、DNAは見かけ上、5′位から3′位の方向に伸長していくため、DNAの5′側を「5′末端」、3′側を「3′末端」と呼びます。DNAの複製ではこの二つの末端や方向がよく出てくるので要注意です。

　それでは、DNAの複製について見ていきますが、そのおおまかな流れは次のようになっています。

①DNA上のある特別な塩基配列（**複製起点**）で、2本鎖がほどかれる（**開始**）。

②**RNAプライマー**を足掛かりにして、DNA複製装置（レプリソーム）中のDNAポリメラーゼがDNAを伸長していき、複製フォーク*が二方向に進んでいく（**伸長反応**）。

③DNA上のある特別な塩基配列（終結配列）に達すると、レプリソームがDNAから離され、複製が終わる（**終結**）。

　DNAの複製の中心舞台は②の伸長反応ですが、図8-4-1にしめすように、見かけ上は二方向、すなわち「片方の鎖は3′末端から5′末端へ」、「もう片方の鎖は5′末端から3′末端へ」と進んでいくように見えます。しかし、実際にはDNAポリメラーゼは一方向（5′→3′）にしかDNAを伸長させることができません。あれ？　それでは片方の鎖しか複製できないことになりますよね。実は、二方向に進

──────────────────────

＊複製フォーク…二本鎖DNAの複製が進行するY字型の部位のこと。

みながらDNAを 5′→3′ 方向に伸長するための巧妙なからくりがあります。このからくりも含め、開始から終結までの詳細について紹介していきます。

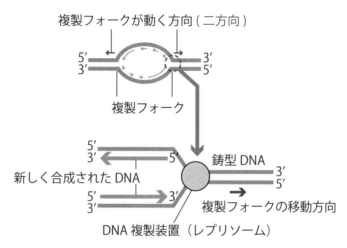

複製フォークが動く方向 (二方向)

複製フォーク

新しく合成された DNA

鋳型 DNA

複製フォークの移動方向

DNA 複製装置 （レプリソーム）

複製フォークは二方向に進むが、DNA の合成は 5′→3′ の一方向のみ

図8-4-1　複製フォークの進行方向

複製の開始

　DNAの複製は、まず 2 本鎖DNAをほどくことから始まります。DNA上の特別な塩基配列である**複製起点**では、 2 本鎖をつなぐ水素結合が切れてDNAがほどかれます。その後、DNAポリメラーゼを含む複数のタンパク質が集まって**レプリソームと呼ばれる複製装置**をつくります。このとき、DNAプライマーゼというタンパク質によって鋳型DNAの配列と相補的な短いRNA鎖（**RNAプライマー**）が合成されます。**DNAポリメラーゼは、一からDNAをつくり始めることができない**ため、伸長反応の足掛かりとして、このようなRNA

プライマーの合成が必要になるというわけです。

DNAの伸長反応

　次に、合成したRNAプライマーからDNAを伸長していきます。図8-4-2には、鋳型となる鎖（GTC）に対応する新たなDNA鎖が伸長される様子をしめしています。このように、DNAの3′側にあるOH基に、鋳型DNAに対応する新しい塩基がつながっていくため、**DNAは必ず5′側から3′側へと伸長されていきます**。DNAポリメラーゼが一方向にしかDNAを伸ばしていくことができないのには、こういう理由があったのですね。

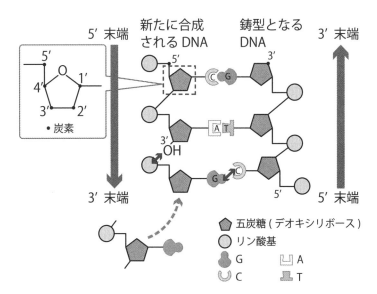

図8-4-2　DNAの伸長反応

237

複製フォークの進み方と伸長方向の食いちがい

　複製起点の両端にあるY字型の分岐部分は**複製フォーク**と呼ばれ、二方向に進んでいくなかでDNAを伸長していきます。複製フォークは、5′→3′だけでなく、3′→5′にも進みますが、冒頭で紹介した疑問が生まれます。**DNAポリメラーゼは5′→3′方向への伸長しかできないのに、なぜ3′→5′へDNAを伸長できるのでしょうか？**　このからくりについて、詳しく説明したいと思います。

　まず、複製フォークが5′→3′方向に進む場合、この方向に伸長されるDNA鎖のことを**リーディング鎖**といいます。一方、複製フォークの進む方向（5′→3′）とは伸長方向が逆（3′→5′）になるDNA鎖のことを**ラギング鎖**といいます。リーディング鎖では、先ほど説明したように5′→3′方向に伸長反応が行われますが、**ラギング鎖**ではひと工夫（からくり）が必要です。このからくりこそが、裁縫の「返し縫い」のように、**DNA鎖の少し先から戻ってくる方向（5′→3′）にDNAを伸長していく**というものです。少し進んだ先から戻ってくるときに短いDNA断片を合成し、また少し進んでは同じようなDNA断片を5′→3′方向に合成することで、短いDNA断片を少しずつ合成していきます（図8-4-3）。この短いDNA断片は**岡崎フラグメント**と呼ばれ、日本人研究者の岡崎令治博士が発見したことに由来しています。合成された岡崎フラグメント同士は、**DNAリガーゼ**というタンパク質によってつなぎ合わされ、最終的には1本のDNA鎖ができあがります。

　岡崎博士は、1966年に岡崎フラグメントとラギング鎖の伸長の仕組みを発見しましたが、44歳という若さで亡くなってしまいます。もし彼が生きていればノーベル賞の受賞は確実だったといわれ

ており、この一連の仕組みの発見はそれほど画期的なものだったのです。

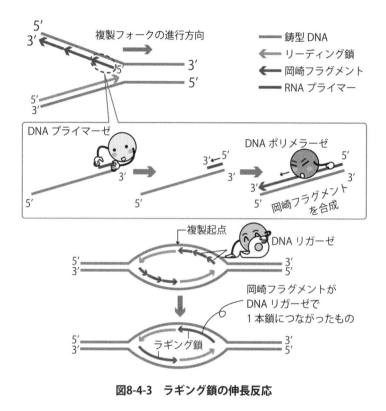

図8-4-3　ラギング鎖の伸長反応

 複製の終結

DNAの複製が終わりに近づくと、**終結**という操作が行われます。複製の終結は今も研究が進行中で、よくわかっていないことが多いのですが、複製フォークがある塩基配列（**終結配列**）に達すると、レプリソームがDNAから離されることで複製が止まることがわかっています。

真核生物におけるテロメア

　最後に、真核生物の「テロメア」について少し紹介したいと思います。原核生物のDNAは輪っかのようにつながっていますが、真核生物のDNAは１対の線状DNAが棒状にまとまった染色体として存在しています。この真核生物の染色体では、DNAの３′末端側で「ある問題」が起こります。それは、３′末端に近づくにつれ、ラギング鎖の合成に必要なRNAプライマーをつくる場所がなくなり、複製ができなくなるという問題です。

　そこで、真核生物ではあらかじめDNAの３′末端に**テロメア**というある一定の繰り返し配列を持つことで、この問題を回避しています。要するに、なくなっても大丈夫なDNA配列を余分に置いておくわけですね。たとえば、ヒトのテロメアは「TTAGGG」という配列がおよそ1,500回〜2,500回繰り返されていて、50回程度の細胞分裂（DNAの複製）に耐えることができます。**テロメアの短縮に伴い、細胞分裂の回数が限られてしまうことが、「老化」や「寿命」と深くかかわっている**ことが知られています。

- DNA は、①開始、②伸長反応、③終結の３段階の反応によって複製される。
- DNA の伸長は５′→３′方向のみ。ラギング鎖では岡崎フラグメントがつくられる。
- 真核生物では染色体の末端にあるテロメアが複製ごとに短くなる（老化や寿命と関与）。

損傷を受けたDNA の修復

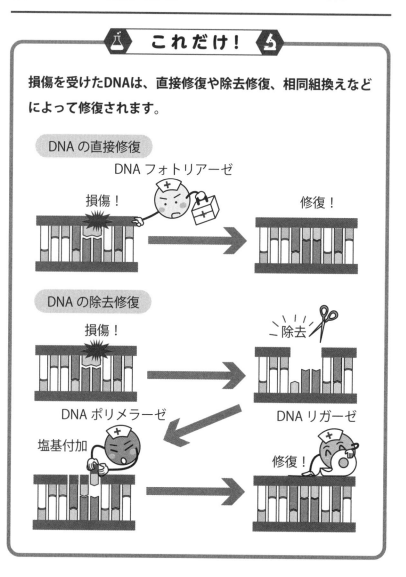

損傷を受けたDNAは、直接修復や除去修復、相同組換えなど
によって修復されます。

DNA の直接修復

DNA フォトリアーゼ

損傷！　　　　　　　　　　　　　　　修復！

DNA の除去修復

損傷！　　　　　　　　　　　　　除去

DNA ポリメラーゼ　　　　　　　　　DNA リガーゼ

塩基付加

修復！

DNAの損傷

　私たちのDNAは常に環境から**損傷**を受けています。たとえば紫外線のような強いエネルギーを浴びると、皮膚細胞のDNAに変化が起こります。代表的な例として、CやTが二つ並んだ箇所に紫外線が照射されると、２本鎖同士の結合がはずれ、二つ並んだCとT同士がそれぞれ相互作用し、２量体（**ピリミジンダイマー**）が形成されます（図8-5-1）。このピリミジンダイマーは、DNAの複製装置をその場所で止めてしまう特徴を持つため、正しい複製ができなくなり、皮膚がんなどの重篤な病気につながることが知られています。

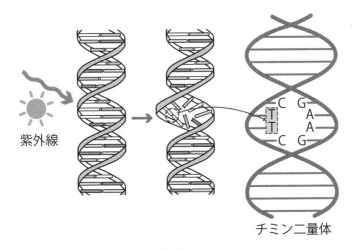

図8-5-1　ピリミジンダイマー

　また、DNAが損傷する原因には、紫外線のほか、X線やγ線などの放射線や、タバコの煙といった環境由来の要因に加え、DNAポリメラーゼの伸長反応ミスによるものもあります。一般に、発がん性物質と呼ばれるものには、DNAを損傷させる物質が多く含まれています。このようなDNAの損傷は、１細胞あたり１日におよそ

50万回もの数で起きるといわれ、生命活動を正しく維持するためには、**DNAの損傷を直す修復**がきちんと行われる必要があります。

　細胞内でのDNAの修復はとても優秀ですが、損傷を直しきれない場合（**DNA変異**）もあります。DNA変異は、先天的に備わっている「お酒に強いか弱いか」を決めるようなものから、がんや自己免疫疾患などの重篤な病の要因となるものなど、多く存在することが知られています。

損傷したDNAの修復

　DNAの修復の仕組みには、主に次の三つの方法があります。

DNAの直接修復

　私たちの細胞の中には、ある特定のDNA配列の損傷を見つけては、元の状態に戻してくれる酵素があります。たとえば、先ほど紹介した紫外線により生じるピリミジンダイマーは、**光回復酵素（DNAフォトリアーゼ）**というタンパク質によって元の単量体に修復されます。

DNAの除去修復

　除去修復では、DNAの損傷部位を取り除いた後、DNAポリメラーゼ（DNAの複製ではたらいていたポリメラーゼとは別の酵素）がはたらくことで、除去された部分に新しいDNA鎖が合成されます。損傷部位が正しい塩基で埋められたら、DNAリガーゼにより合成したDNAがつながれることで、修復が完了します。

DNAの相同組換え

　２本鎖のDNAでは、片方の鎖だけではなく、２本鎖の同じ部位が同時に除去される損傷もあります。このような損傷では、鋳型

となるDNA鎖がなくなってしまうので、先に紹介した方法では修復できません。切れた部位を直接つなぐ方法（非相同末端結合）はありますが、この方法では、つなげた場所から１塩基ずつ配列がずれてしまうため、変異が起こりやすいという問題があります。そこで、このような損傷では**DNAの複製が終わった直後に存在する無傷のDNAを用いて修復を行います**（配列が同一あるいはよく似たDNAが使われることから、**相同組換え**と呼ばれています）。

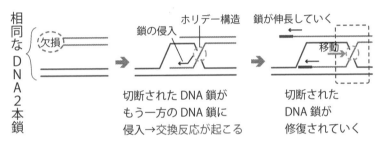

図8-5-2　DNAの相同組換え

相同組換えでは、まず配列がよく似た２組のDNA鎖の交換が起こります。この鎖交換反応では、リコンビナーゼと呼ばれるタンパク質が触媒としてはたらき、**１本鎖になったDNAがもう一方のDNAの似た配列の部分に割りこむことでお互いの鎖が交換され、新しい組み合わせの２本鎖がつくられます**。その後、交差した分岐点（ホリデー構造）が移動していく中で、DNAが修復されていきます（図8-5-2）。

まとめ
- **DNA を修復するために、直接修復と除去修復、相同組換えなどが利用されている。**

DNAの転写とは

これだけ！

転写とは、DNAから遺伝暗号のみを含むメッセンジャー
RNA(mRNA)がつくられる反応のことです。

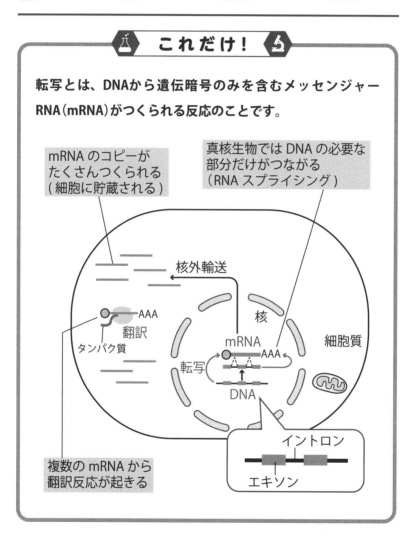

mRNA のコピーが
たくさんつくられる
(細胞に貯蔵される)

真核生物では DNA の必要な
部分だけがつながる
(RNA スプライシング)

核外輸送

AAA
翻訳
タンパク質

核

mRNA

細胞質

転写

AAA

DNA

複数の mRNA から
翻訳反応が起きる

イントロン

エキソン

なぜ転写が必要なの？

　ここからはDNAからmRNAへと遺伝暗号を伝える「**転写**」について説明していきますが、なぜ遺伝暗号をわざわざmRNAに転写しなければならないのでしょうか。そんな面倒なことをしなくても、DNAが持つ遺伝暗号から直接、タンパク質に翻訳すれば良いと思うかもしれません。もちろんこれにはきちんとした理由があります。

　転写を行う一番大きな理由は、「**遺伝暗号のコピーをつくることで、たくさんのタンパク質を同時につくり出すことができる**」ためです。ヒトのような二倍体の生物（同じ染色体を二つずつ持つ生物）では、ある特定の遺伝子配列は通常二つ（各染色体に一つずつ）しかありません。したがって、DNAから直接タンパク質をつくることになった場合、その二つの設計図しか使えないことになります。一方で、**DNAの遺伝暗号をmRNAに転写することで、その遺伝子配列のコピーを増やすことができます**。つまり、2枚しかなかった設計図（DNA）をたくさんコピー（mRNA）することで、タンパク質がたくさん必要になったときに、すぐに対応できるわけですね。

　また、真核生物のDNAには、遺伝暗号の解読において不必要な部分（**イントロン**）が含まれているため、転写の段階で必要な部分（**エキソン**）のみをつなぎ合わせる反応（**RNAスプライシング**）が必要になります。このように、転写はタンパク質をつくるためにとても重要な役割を果たしています。

- 転写とは、DNA から mRNA がつくられる反応。
- 転写にはタンパク質合成を行うためのさまざまな利点がある。

転写の仕組み

これだけ！

mRNAは、①開始、②伸長反応、③終結の3段階の反応を通じて転写されます。

真核生物のmRNAは、転写の際にさまざまなプロセシング（修飾）を受けます。

転写反応の流れ

① 開始

プロモーター　RNAポリメラーゼ

② 伸長反応

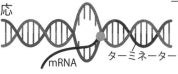

mRNA　ターミネーター

③ 終結

mRNA

真核生物では、プロセシング（修飾）が行われる

RNAの構造と種類

　転写反応の仕組みについて理解するために、まずRNAの構造について復習しましょう。RNAは、糖の部分が**リボース**になっていて、DNAのデオキシリボースと比べると**2′がOH基**になっています。また、RNAの塩基は、アデニン（A）、シトシン（C）、グアニン（G）と**ウラシル（U）**の4種類が使われています（図8-7-1）。RNAもDNAと同じホスホジエステル結合でつながっていますが、DNAが2本鎖であるのに対し、RNAは多くの場合1本鎖として存在しています。

	糖	塩基	リン酸	構　造
RNA	5′ O 1′ 4′ 3′ 2′ OH	A、G、C、U	リン酸	1本鎖
DNA	5′ O 1′ 4′ 3′ 2′ H	A、G、C、T	リン酸	2本鎖

ウラシル（U）はチミン（T）と同じようにアデニン（A）と塩基対をつくる

図8-7-1　RNAとDNAのちがい

　細胞内ではたらくRNAには、いくつか種類があります。遺伝暗号のコピーとして転写される**メッセンジャー RNA（mRNA）**のほかに、mRNA上の塩基配列（コドン）を認識して、対応するアミノ酸を運搬

する**トランスファーRNA（tRNA）**、タンパク質合成装置であるリボソームの核となって翻訳を触媒する**リボソームRNA（rRNA）**といった複数のRNAが存在しています。このrRNAをはじめ、酵素のように触媒としてはたらくRNAは**リボザイム**と呼ばれ、細胞内に複数存在していることが知られています。

転写のあらすじ

　実際にmRNAがつくられる転写反応は、DNAが複製されるときと同じように、①開始、②伸長反応、③終結の３段階の反応を経て行われますが、そのおおまかな流れは次のようになっています。

①RNAを伸長する酵素（**RNAポリメラーゼ**）が、**プロモーター**と呼ばれる配列を認識すると、DNAの２本鎖がほどかれる（**転写の開始**）。
②１本鎖DNAを鋳型にして、RNAポリメラーゼがmRNAを合成していく（**伸長反応**）。mRNAも、DNAと同じく $5'\rightarrow3'$ の方向に伸長され、このときにさまざまなプロセシング（修飾）を受ける。
③DNA上の**ターミネーター**とよばれる部位にRNAポリメラーゼが辿り着くと、転写が終わる（**転写の終結**）。

転写の始まり

　転写は、DNA上の**プロモーター**と呼ばれる部位にRNAポリメラーゼが結合することで始まります（**開始**）。このプロモーター配列は、RNAポリメラーゼがDNAに結合するための目印としてはたらいており、AとTが多く含まれている**TATAボックス**と呼ばれる共通配列などがよく知られています（図8-7-2）。

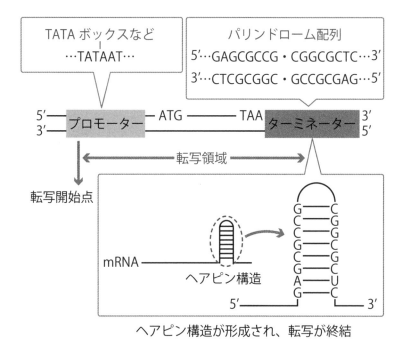

図8-7-2 プロモーターとターミネーターの特徴

mRNAの伸長反応とプロセシング（修飾）

　その後、RNAポリメラーゼのはたらきにより、鋳型DNAに対応するmRNAが5′→3′方向に伸長されていきます（**伸長反応**）。

　このとき、真核生物のmRNAでは、転写中に**RNAプロセシング**と呼ばれる修飾が行われます。代表的な例として、**RNAキャップ形成**と**ポリアデニル化**が知られています。RNAキャップ形成は、mRNAの5′末端に**メチル基を持つグアニン（G）が付加**される反応のことであり、ポリアデニル化は、mRNAの**3′末端側にアデニン（A）の繰り返し配列（ポリA尾部）が付加**される反応のことをいいます（図8-7-3）。これら二つの修飾は、真核生物のmRNAを核から細胞質へ運ぶ

際に、**核酸を分解する酵素（ヌクレアーゼ）からmRNAを保護**するはたらきがあると考えられています。

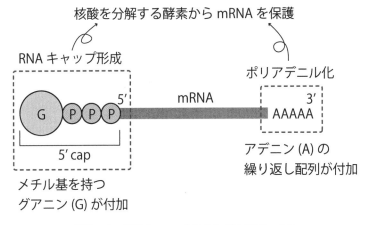

図8-7-3　RNAキャップ形成とポリアデニル化

🔶 転写の終結とRNAスプライシング

　転写は、DNA上の**ターミネーター**と呼ばれる部位にRNAポリメラーゼが辿り着くと終わります（**終結**）。このターミネーターは、GとCが多く含まれており、5′→3′、3′→5′の両方から読んでも対称な配列（**パリンドローム**）であるという特徴を持っています。パリンドローム配列では、図8-7-2にしめすような**ヘアピン構造**が形成されるため、RNAポリメラーゼによる転写反応が止まり、転写が終結する仕組みとなっています。

　このとき、真核生物では、転写が終結したあとで、原核生物では見られない**RNAスプライシング**と呼ばれる現象が起こります。真核生物のDNA上には、翻訳に必要な領域（**エキソン**）と必要でない領域（**イントロン**）が分断されているため、この状態で転写されたmRNA

では、正しいはたらきを持つタンパク質を翻訳することができません。そこで、このイントロンを除去する処理としてRNAスプライシングが行われ、最終的にエキソンのみがつながれた正しい遺伝暗号を含むmRNA（**成熟mRNA**）ができあがります（図8-7-4）。

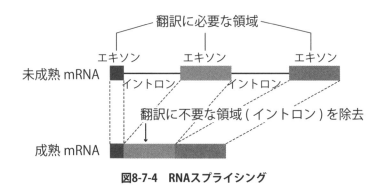

図8-7-4　RNAスプライシング

- **RNA の種類は複数存在する。**
- **転写は、①開始、②伸長反応、③終結の3段階の反応により行われる。**
- **真核生物の mRNA は、さまざまな修飾を受ける。**

遺伝子の転写調節

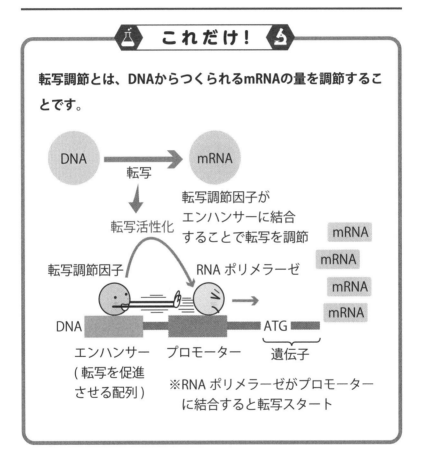

これだけ!

転写調節とは、DNAからつくられるmRNAの量を調節することです。

DNA → 転写 → mRNA

転写活性化

転写調節因子がエンハンサーに結合することで転写を調節

転写調節因子　RNA ポリメラーゼ

mRNA
mRNA
mRNA
mRNA

DNA　エンハンサー（転写を促進させる配列）　プロモーター　ATG　遺伝子

※RNA ポリメラーゼがプロモーターに結合すると転写スタート

遺伝子発現の制御

　私たちの体をつくる細胞を見てみると、まったく同じDNAの設計図を持っているにもかかわらず、脳の細胞や皮膚の細胞とでは、

その特徴が全然ちがうことに気づきませんか？　実は、各細胞に含まれる設計図（DNA）は同じであっても、**いつ、どこで、どの遺伝子を使うかという指令は細胞ごとにちがうため、それぞれの細胞で特徴が異なっています。**

　これは、それぞれの細胞をつくるために必要なタンパク質やmRNAの発現量が、転写や翻訳の段階で調節されているからです。たとえば、DNAからmRNAが転写される際に、必要となる遺伝子ではたくさんのコピーがつくられますが、逆に必要でない遺伝子のコピーはつくらないようにしておくなど、厳密な調節が行われています。この遺伝子の量を調節する仕組みを**遺伝子発現の制御**といいます。

転写調節

　遺伝子発現の制御は、DNAからタンパク質がつくられるまでのさまざまな過程で行われていますが、特に転写の段階で調節されることがわかっています（**転写調節**）。

　転写調節は、転写の開始段階で行われることが多く、RNAポリメラーゼが結合する**プロモーター配列**の近くに、転写を促進させる**エンハンサー**と呼ばれる配列や、逆に転写を抑制する**サイレンサー**と呼ばれる配列が存在しています。これらの配列をまとめて転写調節領域と呼び、特定のタンパク質（**転写調節因子**）が結合することで、転写が調節されています。転写調節因子には、遺伝子の発現を抑制する**リプレッサー**や発現を促進する**アクチベーター**などが知られています。

lacオペロン

それでは、転写調節のもっとも代表的な例として知られる**lacオペロン（ラクトースオペロン）**の転写調節の仕組みについて解説します。

図8-8-1にlacオペロンの構造をしめします。lacオペロンは、5′末端からlacリプレッサーをつくるlacl遺伝子、CAP[*1]結合部位、プロモーター、オペレーターが並び、最後にラクトース分解酵素をつくる三つの遺伝子lacZ、lacY、lacAが並ぶかたちで構成されています。

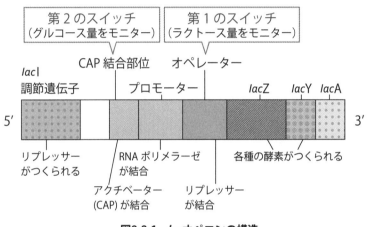

図8-8-1　lacオペロンの構造

このように、原核生物では、DNAに含まれるプロモーターから**複数の遺伝子が同時に転写**されており、この転写単位のことを**オペロン**といいます。lacオペロンは、大腸菌[*2]が持つオペロンの一つで、ラクトースと呼ばれる二糖の分解にかかわる複数の遺伝子が集まっており、これら遺伝子の転写が調節されることで、糖代謝の反応が制御されています。

---

*1　CAP…カタボライト遺伝子活性化タンパク質。

*2　大腸菌…原核生物に属する細菌の1種で、組換えDNA技術にも広く利用されている。

*lac*オペロンの転写調節の仕組み

　ほとんどのプロモーターは、リプレッサーとアクチベーターの2種類の転写調節因子により、転写反応が制御されています。*lac*オペロンの場合、*lac* I 遺伝子からつくられる*lac*リプレッサー（スイッチ1）と、CAPと呼ばれるアクチベーター（スイッチ2）がそれぞれスイッチとしてのはたらきをもち、図8-8-2、図8-8-3にしめすようなONとOFFになることで、転写反応が制御されています。

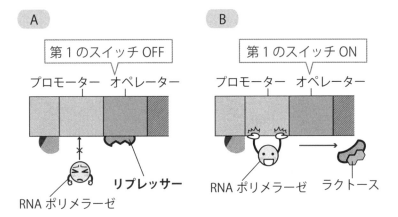

ラクトースが存在すると、*lac*リプレッサーはラクトースと結合し、オペレーターに結合できなくなる。その結果、RNA ポリメラーゼがプロモーターに結合できるようになり、*lac*オペロンが転写される。

lac リプレッサーがオペレーターに結合しているとき、RNA ポリメラーゼはプロモーターに結合できないため、*lac* オペロンの転写が抑制される。

図8-8-2　*lac*リプレッサーによる転写調節（スイッチ1）

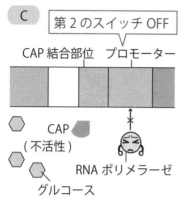
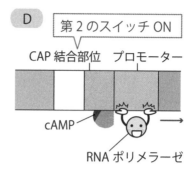

C 第2のスイッチ OFF
CAP 結合部位　プロモーター
CAP
(不活性)
RNA ポリメラーゼ
グルコース

グルコースがたくさんあると、CAP
が不活性化されるため、CAP 結合
部位に結合できなくなる。
RNA ポリメラーゼもプロモーター
に結合しないため、*lac* オペロンは
転写されない。

D 第2のスイッチ ON
CAP 結合部位　プロモーター
cAMP
RNA ポリメラーゼ

グルコースがないとき、cyclic AMP
(cAMP)が合成される。
この cAMP が CAP に結合すると、
CAP が活性化され、CAP 結合部位
に結合できるようになる。
その結果、RNA ポリメラーゼはプ
ロモーターに結合しやすくなり*lac*
オペロンが転写される。

図8-8-3　CAP(アクチベーター)による転写調節(スイッチ2)

　これら二つのスイッチにおいて、*lac*リプレッサーやグルコース
は転写反応が抑制されるように制御するため**「負の制御をしている」**
といい、反対にラクトースやcAMPは転写が促進されるように制御
していることから**「正の制御をしている」**と呼ばれています。

まとめ
- **転写調節は遺伝子発現の制御の一つであり、mRNA の転写を調節する。**
- **代表的な *lac* オペロンでは2種類の転写因子によって制御される。**

翻訳に登場する分子について学ぼう

これだけ！

mRNAに転写された遺伝暗号から、タンパク質がつくられる反応のことを「翻訳」といいます。翻訳では、mRNA、リボソーム、tRNAなどの分子がはたらきます。

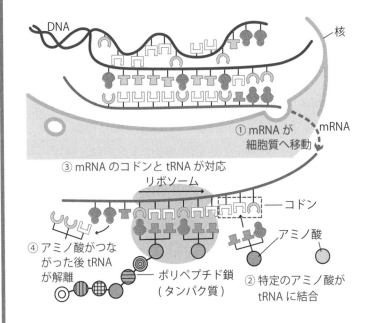

翻訳とは、どういった反応なのか？

　ここからは、「翻訳」の仕組みについて紹介していきます。

　DNAから転写されたmRNAは、核内から細胞質へ運ばれた後、**リボソーム**と呼ばれるタンパク質とRNAの複合体に結合します。このリボソームには、たくさんの分子が含まれていますが、特に重要なはたらきを持つ分子が**トランスファーRNA（tRNA）**です。このtRNAは、コドンに対応するアミノ酸を運ぶことができ、リボソームとともに**翻訳装置**の一部としてはたらきます。このような分子が集合した翻訳装置ではmRNAに転写された遺伝暗号を解読していき、タンパク質を合成することができます。

リボソームの構造とはたらき

　翻訳装置は、mRNAとtRNAのほかに、複数のタンパク質とリボソームRNA（rRNA）が集まったリボソームが中心となってつくられています。このリボソームは、**翻訳装置を組立てる際の重要な分子となっている**ので、簡単に紹介したいと思います。

　リボソームは、いずれの生物においても、大きさの異なる二つのタンパク質複合体（サブユニットといいます）からできており、非常に大きな複合体分子としてはたらきます（図8-9-1）。

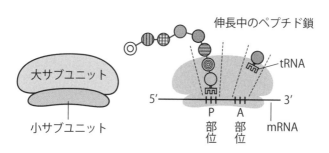

図8-9-1　リボソームの構造

少し、リボソームの中の構造を見てみましょう。リボソーム内部には、mRNAと二つのアミノアシルtRNA、そして伸長されるポリペプチド鎖がそれぞれうまい具合にはまるような複雑な構造を持っています。リボソームがとても巨大な複合体であるのはこのように、たくさんの分子を取りこむ必要があるからです。ちなみに、ポリペプチド鎖がつくられる部位をペプチジル部位（P部位）、次につながるアミノ酸が待機する部位のことをアミノアシル部位（A部位）といいます。合成されたポリペプチド鎖は、大きいサブユニットのトンネルを通りぬけ、リボソームの外側に出てきます。

tRNAの構造とはたらき

図8-9-2にしめすように、tRNAはクローバーのような形をした構造を持ち、水素結合によりつながった複数のアームと呼ばれる突起が存在しています。**このアーム部分の内の一つは遺伝暗号の各コドンを認識することができ（アンチコドン）、3′末端のOH基の部分で、各コドンに対応したアミノ酸を結合させることができます。**

翻訳装置の中でタンパク質がつくられるためには、アミノ酸同士をつなぐペプチド結合が必要になりますが、このエネルギーはどこから得ているのでしょうか？ 実は、tRNAの3′OH基にアミノ酸が共有結合する際に、**アミノアシル化と呼ばれる反応**が起こっています。この反応により、アミノ酸はペプチド結合に必要なエネルギーを持った状態（活性化された状態）になるため、ポリペプチド鎖を伸長することができるわけです。

3' OH 基に
アミノ酸が結合

アンチコドン
mRNA のコドン
3'

アンチコドンと
コドンが対応している
5'

図8-9-2　tRNAの構造

翻訳されたタンパク質はどうなるの？

　ちなみに、翻訳されたタンパク質は、どうなるのでしょうか？
セントラルドグマでは、DNAの複製やmRNAへの転写は核内で起こり、タンパク質がつくられる翻訳は、細胞質で起こることが知られています。しかし、生物の体の中では、細胞内ではたらくタンパク質もあれば、細胞外に分泌されるタンパク質や膜タンパク質としてはたらくものもあるため、適材適所にタンパク質を運ぶ必要があります。そこで、翻訳されたタンパク質は、さまざまな化学修飾を受けます。このことを**翻訳後修飾**と呼び、タンパク質の運搬や機能にとても重要なはたらきを持つことがわかっています。

まとめ

- 翻訳装置によりタンパク質がつくられる。
- リボソームや tRNA はタンパク質の合成に必要。
- 翻訳後修飾は、タンパク質の運搬や機能に重要。

翻訳の仕組みについて学ぼう

タンパク質は、①開始、②伸長反応、③終結の3段階の反応を通じて翻訳されます。

真核生物での翻訳反応

大サブユニット

5′ ——————————— 3′
AUG　　　　　　Stop
開始コドン　　　終止コドン

小サブユニット

5′ ——————————— 3′
　　　　　　　　Stop

① 開始
開始コドンの近くで翻訳複合体がつくられる

② 伸長反応
翻訳複合体の内部でポリペプチド鎖がつくられる

③ 終結
終止コドンに辿り着くと翻訳複合体が解体する

5′ ——————————— 3′
AUG

5′ ——————————— 3′
AUG　　　　　　Stop

翻訳の開始

　それでは、タンパク質がつくられる翻訳の仕組みについて、紹介していきます。通常の翻訳では、**開始コドンと呼ばれる"AUG"**から始まりますが、このときmRNA上の開始コドンの近くで**翻訳複合体**が組立てられます。先ほど説明したように、翻訳複合体には、mRNAやリボソーム、そしてtRNAが含まれており、巨大な合成装置としてはたらきます。

　この開始反応で重要なことは、**正しい開始コドンをきちんと見つけ出すこと**です。なぜなら、正しい開始コドンから翻訳が始まらないと、機能を持たないタンパク質がつくられることになるからです。

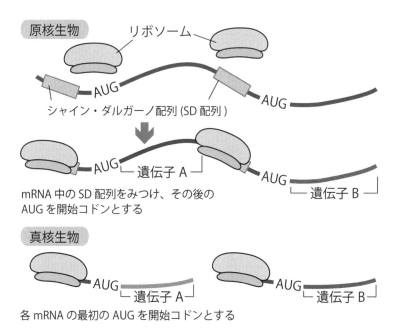

図8-10-1　原核生物と真核生物における翻訳開始のちがい

　この開始コドンを正しく認識するために、原核生物では、開始コドンの近くにある**シャイン・ダルガーノ配列（SD配列）**など、特定の領域にリボソームが結合することで、翻訳の開始部位を見つけることができます（図8-10-1）。リボソームがmRNAのSD配列を見つけ出すと、この部位から開始複合体が移動していき、SD配列の後ろにある最初のAUGを開始コドンとして認識することができます。

　一方、真核生物では、原核生物のようなSD配列はありません。それでは、どのようにして開始部位を認識できているのでしょうか？　実は、真核生物の多くは、**mRNAに1種類のタンパク質の遺伝暗号しか含まれていないため、5′末端から数えて一番最初にあるAUGを開始コドンとして認識**しています。一般に、一つのmRNA上に複数のタンパク質の暗号が含まれている原核生物とはちがい、SD配列がなくても問題ないというわけです。

ポリペプチド鎖の伸長反応

　開始コドンの近くで翻訳複合体がつくられると、いよいよポリペプチド鎖の伸長が始まります。この伸長反応では、以下にしめす3段階の反応が起こっています。

第1段階 A部位に新しいアミノアシルtRNAが挿入

第2段階 P部位とA部位のアミノ酸同士の間でペプチド結合が形成

第3段階 次に翻訳されるコドンが移動

第 1 段階

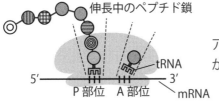

伸長中のペプチド鎖

アミノアシル tRNA 複合体
が A 部位に挿入される

tRNA

5′　　　　　　　　　　　　3′
　　P 部位　A 部位　　mRNA

第 2 段階

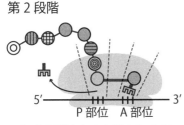

5′　　　　　　　　　　　　3′
　　P 部位　A 部位

ペプチド結合 (赤線) により
新たなアミノ酸が連結

第 3 段階

5′　　　　　　　　　　　　3′
　　P 部位　A 部位

A 部位から P 部位に tRNA が
移動 mRNA のコドンがずれる

図8-10-2　ポリペプチド鎖の伸長反応

　前節でも紹介しましたが、リボソームの中には、ポリペプチド鎖
がつくられるP部位と次のアミノ酸が待機するA部位という 2 か所
の隙間があります。まず、ポリペプチド鎖が伸長される際には、コ
ドンに対応する新しいアミノアシルtRNAがA部位に挿入されなけれ
ばいけません（**第 1 段階**）。

　次に、A部位に挿入されたアミノアシルtRNAのアミノ酸とP部位
にあるポリペプチド鎖のアミノ酸との間で、新たなペプチド結合が
形成されます（**第 2 段階**）。

　そして、次のコドンが翻訳されるために、A部位にあるtRNAがP
部位のtRNAを押し出すように移動し、同時にmRNA中の次に翻訳
されるコドンが移動します（この移動はトランスロケーションと呼

ばれます）（**第3段階**）。

　このような流れでポリペプチド鎖がつながっていきますが、DNAの複製速度と比較すると、ゆっくりと伸長反応が進むことがわかっています（原核生物では1秒間におよそ20アミノ酸を合成）。この理由は、正しいアミノ酸をつなぐための正確な反応が起きていることと、間違ったアミノアシルtRNAを取り除くのに時間がかかるためです。そのかわり、**細胞内にはたくさんのリボソームがあるため、複数のmRNAからタンパク質が同時に翻訳されています**。また、1本のmRNAからは、複数回にわたり翻訳が起こるため、翻訳は常に行われています。

翻訳の終結

　伸長反応では、mRNAのコドンが次々に翻訳され、数百ものアミノ酸が結合したポリペプチド鎖が合成されていきますが、翻訳複合体がタンパク質のC末端に位置する**終止コドン**に達したときに翻訳が終了します（**終結**）。このとき、3種類の終止コドン（UGA、UAG、UAA）の内の一つがA部位に配置されていますが、**終止コドンは、tRNAによって認識されることはないので、タンパク質の合成が進められることはありません**。したがって、リボソームからポリペプチド鎖が放出されることで、翻訳が終結し、リボソーム自身もmRNAから離されるため、次のタンパク質合成に向けた準備が始まっていきます。

翻訳に必要なエネルギー

　実は、タンパク質をつくるためには、たくさんのエネルギーが必

要になります。各ポリペプチド鎖にアミノ酸が1個つながるたびに、以下の化学式にしめすような、「アミノ酸の活性化」と「鎖伸長反応」が起こり、エネルギーが消費されているからです。

（1）アミノ酸の活性化：ATP → AMP + 2Pi

（2）鎖伸長反応：2GTP → 2GMP + 2Pi

このとき、トータル4個の高エネルギーリン酸結合が切れているわけですが（5-4参照）、この反応で生じるエネルギーは、1個のペプチド結合が形成するために必要なエネルギーをはるかに上回っています。ペプチド結合に必要なエネルギーだけあればじゅうぶんなのに、どうして余分なエネルギーが使われているのでしょうか？

実は、この余分なエネルギーの大部分は、**タンパク質が正確に翻訳されるための校正作業に費やされているのです**。たとえば、誤ったアミノ酸がtRNAに結合してしまった際に、それらを分解する反応にエネルギーが消費されたり、誤ってリボソーム内に入ってきたちがうtRNAを排出する際にエネルギーが必要になるというわけです。

- 翻訳は、開始複合体が組立てられた後に開始コドンを見つけ出し、開始する。
- 翻訳は、①開始、②鎖伸長反応、③終結の3段階で行われる。

翻訳後修飾

アミノ酸側鎖への化学修飾
(糖鎖付加・アセチル化・リン酸化・脂質付加など)

修飾前のタンパク質
(はたらいていない)

翻訳後修飾

糖鎖

PO₄

リン酸化

修飾後のタンパク質
(はたらける状態になる)

🔷 タンパク質は翻訳されたあと、どうなるの？

　翻訳装置から出てきたポリペプチド鎖は、体の中でタンパク質としてはたらくために折りたたまれますが、それで終わりではありません。実は、細胞内や細胞外ではたらくために、**さまざまな化学修飾を受ける**ことが知られています。

　ポリペプチド鎖が完成する前に行われる修飾を「**翻訳に伴う修飾**」といい、完成した後に行われる修飾を「**翻訳後修飾**」といいます。翻訳後修飾の種類はたくさん存在しており、「糖鎖付加」・「アセチル

化」・「リン酸化」・「脂質付加」などが知られています。

糖鎖付加について

　多くの膜タンパク質や分泌タンパク質には、共有結合により結合した糖鎖が含まれています。このように、タンパク質に糖鎖が結合することを**糖鎖付加**といい、タンパク質のはたらきが調節されています。たとえば、糖鎖構造のちがいにより、**タンパク質の輸送や代謝などのはたらきが調節**されています。また、糖鎖が付加されることで、**水に溶けやすくなったり、タンパク分解酵素（プロテアーゼ）からタンパク質本体を保護するはたらき**もあります。

シグナルペプチドの役割

　体の中では、膜に埋めこまれた膜タンパク質や細胞内部に存在する細胞内局在タンパク質だけでなく、細胞小器官や細胞外に分泌されるタンパク質が存在しています。このようなタンパク質では、N末端側にある20個ほどのアミノ酸配列（**シグナルペプチド**）が、**細胞膜の通過や細胞小器官への輸送を指示するはたらきを持っています**。タンパク質が分泌されたあとに、シグナルペプチドは切断されますが、この切断も翻訳後修飾の一つとして知られています。

- **翻訳後修飾により、タンパク質のはたらきが調節される。**
- **シグナルペプチドはタンパク質の行き先を決定する際に重要。**

エピジェネティクス とは

エピジェネティクスとは、遺伝暗号は変化せずに、DNAが修飾されることで遺伝子発現が調節される仕組みのことです。

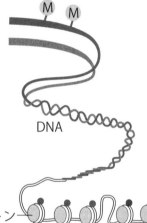

M メチル化
● リン酸化
● アセチル化

DNA

DNA のメチル化や
ヒストン修飾が目印と
なり、遺伝子の発現量
が調節されている

ヒストン

 エピジェネティクスとは

　8-8で、DNAからmRNAに転写される際に、転写調節によって遺伝子の発現が制御されていることを紹介しました。実は、このような遺伝子発現の制御は、DNAに対しても行われています。この仕組みは、**エピジェネティクス**と呼ばれ、DNAに含まれる遺伝子の内、

使う遺伝子と使わない遺伝子にそれぞれ目印がつけられ、発現量が調節されています。代表的な目印としては、「**DNAのメチル化**」と「**ヒストン修飾**」が知られています。エピジェネティクスでは、DNAそのものに変異が入るわけではなく、食事や喫煙などの日々の生活習慣における環境的要因が大きく影響すると考えられています。

DNAのメチル化とヒストン修飾について

　哺乳類の DNAには、転写開始点の近くに**CpG**という特徴的な配列が多く含まれており、メチル化修飾を受けることで遺伝子発現が調節されています（**DNAのメチル化**）。たとえば、**ハウスキーピング遺伝子**[*]のような重要な遺伝子では、あまりメチル化が起こらない一方で、頻繁に使用されない遺伝子ではメチル化の頻度が多いことがわかっています。

　また、DNAを巻きつけているヒストンでも、メチル化やリン酸化、アセチル化などの修飾を受けることで、遺伝子発現が調節されています（**ヒストン修飾**）。ヒストン修飾は、DNAのメチル化と相互作用して、クロマチン構造を大きく変化させることにより、遺伝子の発現調節に深く関係しているといわれています。

- 遺伝暗号は変化せずに、遺伝子の発現量が調節される現象を、エピジェネティクスという。
- エピジェネティクスの主な例として、DNA メチル化とヒストン修飾がある。

---

[*]ハウスキーピング遺伝子…多くの組織や細胞で発現し、エネルギー代謝や細胞機能の維持に必要不可欠な遺伝子のこと。

8 13 組換えDNA技術 とは？

これだけ！

組換えDNA技術とは、遺伝子を人工的に操作する技術のことです。
組換えDNA技術は、生化学をはじめとする基礎研究や医薬品の生産などに利用されています。

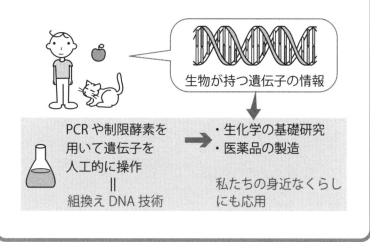

生物が持つ遺伝子の情報

PCRや制限酵素を用いて遺伝子を人工的に操作
＝
組換えDNA技術

・生化学の基礎研究
・医薬品の製造

私たちの身近なくらしにも応用

組換えDNA技術とは？

　これまで、DNAの中に暗号として隠されている遺伝子が、セントラルドグマの流れにしたがいタンパク質につくり変えられていることを見てきました。本章の冒頭でも少し紹介しましたが、ヒトのDNAには、およそ25,000種類の遺伝子が含まれています。これら遺

伝子からつくられる各タンパク質は、体の中でさまざまなはたらき
を持つと考えられていますが、そのはたらきについてはどのように
調べればよいのでしょうか？

　実は、**組換えDNA技術**と呼ばれる技術が開発されたことで、生
物が持つ遺伝子やタンパク質のはたらきを明らかにすることが可能
になりました。**組換えDNA技術とは、ある特定の遺伝子を人工的
に操作する技術のこと**で、生物が持つ遺伝子のはたらきを抑えたり、
遺伝子から翻訳されるタンパク質を体の外でもつくることができる
画期的な技術です。現在、この組換えDNA技術は、**生化学をはじ
めとする、さまざまな基礎研究分野で利用されているだけでなく、
医薬品の生産にも利用されるなど、私たちのくらしを豊かにするた
めにも応用**されています。本節では、この組換えDNA技術につい
て解説したいと思います。

クローニング

　組換えDNA技術を利用することで、もとの生物とまったく同じ
遺伝子を持つ**クローン**をたくさんつくることができます。このク
ローンをつくる操作のことを**クローニング**と呼びます。みなさんは、
『ジュラシックパーク』というSF映画を見たことがありますか？　こ
の映画の中でも、琥珀の中に保存されていたDNAから、クローニン
グによって、さまざまな恐竜のクローンがつくり出されていました。

PCRについて

　クローニングの操作では、取り出したDNAを増やすために、**PCR
(polymerase chain reaction)**と呼ばれる手法が利用されています。

このPCRでは、8-3で紹介したDNAの複製の仕組みが応用されており、**鋳型となるDNA、プライマー、耐熱性DNAポリメラーゼ、核酸という材料をそろえることで、特定のDNA配列を増やす**ことができます。PCRの各サイクルでは、次の3段階の反応が起こっています。

第1段階 DNAに熱を加えることで、2本鎖を1本鎖にほどく。

第2段階 増やしたいDNA配列の両端（5′側と3′側）に相同的な短いプライマー（下図の赤線）が結合。

第3段階 耐熱性DNAポリメラーゼがプライマーを起点に、DNAを伸長。

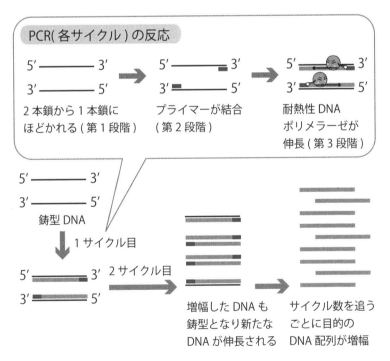

図8-13-1　PCRの原理

図8-13-1にしめすように、各サイクルでは、鋳型DNAをもとに二つのプライマーからDNA鎖が伸長されていくため、サイクル数を増やすことで目的のDNA鎖をたくさん増やすことができます。

ちなみに、私たちの身の回りでもPCRは利用されており、代表的な例として、「DNA鑑定」などが知られています。事件現場に残された血液や髪の毛に含まれるDNAと犯人のDNAを取り出した後、PCRにより増幅したDNAを比較することで、現場で採取された血液や髪の毛が犯人のものであるかどうかがわかるのです。

ベクターの役割

PCRを利用することで、元のDNAから特定の配列を増やすことができるわけですが、生化学の研究を行ううえでは、それだけでは不じゅうぶんです。なぜなら、**遺伝暗号は細胞の中に導入されてはじめて、タンパク質に翻訳されるための指令が出されるから**です。つまり、組換えDNAも細胞の中で遺伝子を発現させなければ、ほとんど意味がないわけです。

そこで、役に立つのがベクターと呼ばれるツールです。**ベクターは、組換えDNAを細胞の中に導入するための大きなDNAのこと**です。発現させたい遺伝子は、このベクターの一部として挿入された状態で、さまざまな細胞の中に導入され、遺伝子を発現できるようになります。また、生化学において、組換えDNAが導入される生物のことを**宿主**と呼びます。

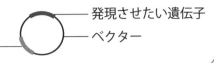
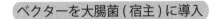

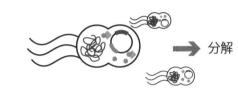

図8-13-2　ベクターの役割

　ちなみに、ベクターを使うことで、マーカー遺伝子による宿主の選別が可能になります。**マーカー遺伝子とは、宿主の中に導入されたベクターの目印となる遺伝子のこと**です。たとえば、大腸菌を宿主として組換えベクターを導入した際に、ベクターが入った大腸菌と入っていない大腸菌を区別する必要があります。その際、抗生物質を用いた選択を行います。通常、抗生物質が存在する環境では、大腸菌は増殖できませんが、抗生物質を分解するマーカー遺伝子がベクターの中に含まれていれば、ベクターが導入された大腸菌のみ増殖できるため、ベクターを持つ宿主を選別することができるわけです。

 ## 制限酵素（はさみ）とDNAリガーゼ（テープ）

　それでは、PCRで増やしたDNAはどうやってベクターに挿入しているのでしょうか？　実は、**制限酵素**と**DNAリガーゼ**と呼ばれる

二つの酵素を利用することで、自由自在にDNAの切り貼りができます。制限酵素とは、およそ６塩基ほどの**ある特定のDNA配列を認識して、DNAを切断できる酵素**です。図8-13-3にしめすように、*Eco*RIと呼ばれる制限酵素はGAATTCという配列を認識し、切断することができます。また切断された塩基は、DNAリガーゼにより再びつなぎ合わせることができます。したがって、PCRで増やすDNAとベクターの挿入箇所に、同じ制限酵素によって切断される配列を入れておけば、制限酵素とDNAリガーゼを用いて自由に切り貼りすることができるわけです。

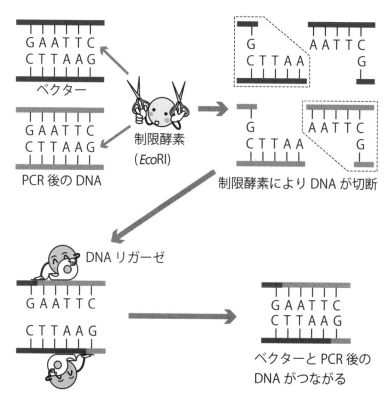

図8-13-3 制限酵素とDNAリガーゼによる組換えDNAのつくり方

逆転写とcDNA

　逆転写とは、ウイルスで見られる現象で、**RNAからDNAをつくり
出す反応**のことです（8-2参照）。実は、この逆転写は組換えDNA技
術としても広く利用されています。真核生物では、DNAからmRNA
が転写される際に、不要な配列（イントロン）が取り除かれ、必要な
配列（エキソン）のみをつないでいました（**RNAスプライシング**）。つ
まり、真核生物のDNAからある特定の遺伝子をPCRで増やしても、
イントロンが含まれてしまうため、ベクターに挿入しても、目的の
タンパク質は翻訳できません。そこで、逆転写を利用します。RNA
スプライシングにより**遺伝暗号が正しくつながった成熟mRNA**を取
り出し、逆転写を行うことで、正しい遺伝暗号を持つDNAをつく
ることができるからです。このようにmRNAから逆転写により合成
したDNAのことを**相補的DNA（cDNA）**と呼び、真核生物の遺伝子を
クローニングする際によく利用されています。

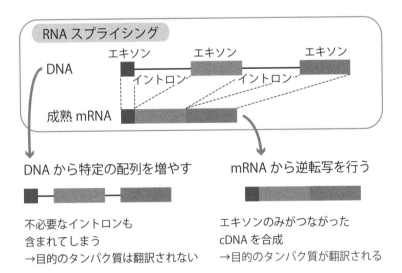

図8-13-4　逆転写を利用したcDNAの合成

組換えDNA技術の利用

　PCRや制限酵素を用いてある特定の遺伝子を増幅し、ベクターに挿入することで、さまざまな組換えDNAをつくることができます。実際に、このような組換えDNA技術は、生化学をはじめとする多くの基礎研究や私たちのくらしを豊かにするためにも利用されています。

　たとえば、組換えDNA技術を用いることで、**ある特定の遺伝子をなくした動物（遺伝子改変動物）**をつくることもできます。このような遺伝子改変動物では、遺伝子が本来持つはたらきが失われてしまうため、正常な遺伝子を持つ動物との比較により、**その遺伝子からつくられるタンパク質が、体の中でどのようなはたらきを持っているかなどを解明**することができます。

　また、糖尿病*の治療薬であるインスリン（ホルモンの1種）の生産にも、組換えDNA技術が利用されています。本来、ヒトの体の中でつくられているインスリンの遺伝子を挿入した組換えDNAをつくり、大腸菌などの宿主に導入することで、医薬品として利用できるインスリンをつくらせることができます（図8-13-5）。インスリンのように、組換えDNA技術を利用してつくる医薬品のことを**バイオ医薬品**と呼び、がんや糖尿病などの患者数の多い病気に対する新たな治療薬として期待されています。

＊糖尿病…血糖値を下げるはたらきを持つインスリンというホルモンが、正常にはたらかない場合、あるいは体の中でつくられる量が少なくなることが原因で発症する病気。

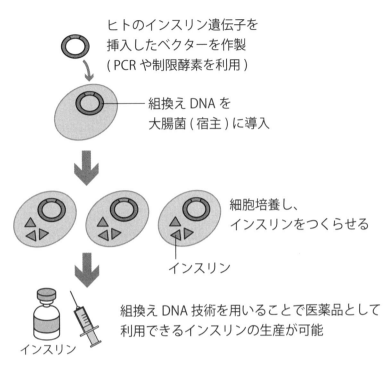

ヒトのインスリン遺伝子を
挿入したベクターを作製
(PCRや制限酵素を利用)

組換えDNAを
大腸菌(宿主)に導入

細胞培養し、
インスリンをつくらせる

インスリン

組換えDNA技術を用いることで医薬品として
利用できるインスリンの生産が可能

インスリン

図8-13-5 組換えDNA技術を利用したインスリンの生産

　一方で、組換えDNA技術によりつくられた生物は、自然界には
存在しない生物でもあることから、**生態系への影響や安全性、倫理
的な問題が心配されています**。将来、組換えDNA技術により、た
くさんの恩恵が得られることが期待できますが、解決しなければい
けない課題もたくさんあることを忘れてはいけません。

- **まとめ**
- 組換えDNA技術は、PCRや制限酵素などを利用
し、人工的に遺伝子を操作する技術。
- 組換えDNA技術は、生化学の基礎研究や医薬品
の生産など、私たちのくらしにも応用されている。

監修者紹介

稲垣 賢二（いながき けんじ）

1956年愛知県生まれ。岡山大学名誉教授＆学術研究院環境生命自然科学学域特任教授。 放送大学岡山学習センター客員教授。ノートルダム清心女子大学非常勤講師。京都大学農学部(農芸化学科)卒業後、同大学大学院農学研究科博士 課程単位取得退学。京都大学農学博士。専門は、微生物の生産する有用酵素の立体構造と機能の特性解析とその応用。趣味は、テニス、山登り、旅行。主な著書に『生化学 基礎の基礎』(共著、化学同人)『構造生物学』(共著、共立出版)『酵素ハンドブック 第3版』(共著、朝倉出版)など。

構成・編集者紹介（五十音順）

飯島 玲生（いいじま れお）

大阪大学大学院生命機能研究科一貫制博士課程修了。博士（理学）。ゲノム科学の研究で学位取得後、名古屋大学でAI・ビックデータ分野の教育開発や学術コンサルティングに従事。現在は株式会社NTTデータ経営研究所マネージャー及び名古屋大学情報学研究科招へい教員として、先端技術の社会実装支援や科学技術政策支援を行う。学術知やテクノロジーを活用した事業創出を通して科学界・産業界の発展に貢献することが目標。

瀧　慎太郎（たき　しんたろう）

1987年静岡県生まれ。大阪大学大学院薬学研究科博士課程修了。博士（薬科学）。大学院時代の専門は、抗体工学。2013年9月〜2014年8月まで生化学若い研究者の会の代表。現在は、国際見本市の主催会社で「医薬品・再生医療」分野の見本市を担当。オーガナイザーという立場から、経済活性化、業界の発展を目指す。

豊田　優（とよだ　ゆう）

1985年神奈川県生まれ。東京工業大学大学院生命理工学研究科博士課程修了。博士（工学）。東京大学医学部附属病院薬剤部での研究生活を経て、現在は防衛医科大学校医学教育部医学科講師／卓越研究員。膜輸送体を起点とした疾患の理解・健康への貢献を目的とした研究に取り組んでいる。専門は疾患生命科学、栄養動態学、分子生体制御学。「身近なライフサイエンス」を信条に、有志とともに科学を伝える活動にも従事。

藤原　慶（ふじわら　けい）

東京大学大学院新領域創成科学研究科博士課程修了。博士（生命科学）。京都大学、東北大学での研究員生活を経て、現在は慶應義塾大学理工学部准教授。専門は人工細胞工学。生命を模倣した人工細胞と増殖できない細胞の解析を通し、物質と生命の違いを研究している。

著者紹介

生化学若い研究者の会

公益社団法人 日本生化学会後援のもと、生命科学分野に興味を持つ大学院生・若手研究者を中心に構成される会。全国各地でシンポジウムやセミナーなどの活動を行い、若手研究者のネットワークづくりを行っている。キュベット委員会という組織を設け、ライティング活動やアウトリーチ活動を通じて、若手研究者の意見を発信している。これまでに、『光るクラゲがノーベル賞をとった理由』(日本評論社)や『高校生からのバイオ科学の最前線』(日本評論社)を出版。

当会ホームページ：
https://www.seikawakate.org/

執筆者（五十音順）

有澤 琴子	お茶の水女子大学 生活科学部*	3章、4章
石澤（高橋）裕佳	開智日本橋学園中学・高等学校*	6章、7章
馬谷 千恵	東京大学 大学院理学系研究科*	3章、4章
大上 雅史	東京工業大学 情報理工学院*	8章
小野田 淳人	山陽小野田市立山口東京理科大学薬学部*	1章
香川 璃奈	筑波大学 医学医療系*	5章
杉山 康憲	香川大学 農学部*	6章、7章
瀧 慎太郎	大阪大学 大学院薬学研究科**	8章
道喜 慎太郎	東京大学 大学院理学系研究科**	2章
豊田 優	東京大学 医学部附属病院*	5章
藤原 慶	慶應義塾大学 理工学部*	2章

*の所属は『これだけ！生化学 第2版』執筆時(2020年12月現在)のものです。
**の所属は『これだけ！生化学』執筆時(2014年11月現在)のものです。

■ 参考文献 ■

『**醱酵**』岩波全書 第173　山口清三郎(著)　岩波書店

『**薬学領域の醱酵化学**』　田中穣、倉田浩(著)　南山堂

『**食品微生物学**』改訂版　木村光(編)　培風館

『**生化学**』第3版　田沼靖一、本島清人、林秀徳(編著)　朝倉書店

『**ミネラルの事典**』　糸川嘉則(編)　朝倉書店

『**ベーシック生化学**』　畑山巧(編著)　化学同人

『**バイオ医薬最前線 日本ケミカルリサーチの挑戦**』　鶴蒔靖夫(著)　IN通
　信社

『**シンプル生化学**』改定第5版　林典夫、廣野治子(編)　南江堂

『**ヴォート生化学(上)(下)**』第3版　D. Voet、J.G. Voet(著)　田宮信雄、村
　松正実、八木達彦、遠藤斗志也(訳)　東京化学同人

『**ヴォート生化学(上)(下)**』第4版　D. Voet、J.G. Voet(著)　田宮信雄、村
　松正実、八木達彦、遠藤斗志也(訳)　東京化学同人

『**ヴォート基礎生化学**』　D. Voet、J.G. Voet、C.W. Pratt(著)　田宮信雄、
　村松正実、八木達彦、遠藤斗志也(訳)　東京化学同人

『**ホートン生化学**』第3版　H.R. Horton、L.A. Moran、R.S. Ochs、J.D. Rawn、K.G.
　Scrimgeour(著)　鈴木紘一、笠井献一、宗川吉汪(監訳)　東京化学同人

『**ホートン生化学**』第4版　H.R. Horton、L.A. Moran、K.G. Scrimgeour、M.D.
　Perry、J.D. Rawn(著)　鈴木紘一、笠井献一、宗川吉汪(監訳)　東京化学
　同人

『**マクマリー有機化学(上)**』第7版　J. McMurry(著)　伊東椒、児玉三明、
　荻野敏夫、深澤義正、通元夫(訳)　東京化学同人

『**イラストレイテッド ハーパー・生化学**』原書29版　清水孝雄(監訳)　丸
　善出版

『**一目でわかる医科生化学**』　J.G. Salway(著)　西澤和久(訳)　メディカル・
　サイエンス・インターナショナル

『**THE CELL 細胞の分子生物学**』第5版　B. Alberts、J. Lewis、M. Raff、P. Walter、K. Roberts、A. Johnson(著)　中村桂子、中塚公子、宮下悦子、松原謙一(訳)　ニュートンプレス

『**Essential細胞生物学**』第3版　B. Alberts、D. Bray、K. Hopkin、A. Johnson、J. Lewis、M. Raff、K. Roberts、P. Walter(著)　中村桂子、松原謙一(監訳)　南江堂

『**Annals of Human Biology**』Vol. 40 No. 6 Page 463-471 An estimation of the number of cells in the human body　Bianconi E, et al.（著）　Informa plc

本文 イラスト（0章）：　　　　aoinatsumi
本文 図・イラスト（1〜8章）：加賀谷 育子

これだけ！生化学　第2版

発行日	2021年　2月15日	第1版第1刷
	2023年　9月25日	第1版第2刷

監修者　稲垣 賢二
著　者　生化学若い研究者の会

発行者　斉藤　和邦
発行所　株式会社　秀和システム
　　　　〒135-0016
　　　　東京都江東区東陽2-4-2　新宮ビル2F
　　　　Tel 03-6264-3105（販売）　Fax 03-6264-3094
印刷所　三松堂印刷株式会社　　　　　Printed in Japan

ISBN978-4-7980-6410-9 C3045